は じ め に

　本書は、「大学入学共通テスト」（以下、共通テスト）攻略のための問題集です。

　共通テストは、「思考力・判断力・表現力」が問われる出題など、これから皆さんに身につけて
もらいたい力を問う内容になると予想されます。

　本書では、共通テスト対策として作成され、多くの受験生から支持される河合塾「全統共通テス
ト模試」「全統共通テスト高2模試」を収録しました。

　解答時間を意識して問題を解きましょう。問題を解いたら、答え合わせだけで終わらないように
してください。この選択肢が正しい理由や、誤りの理由は何か。用いられた資料の意味するものは
何か。出題の意図がどこにあるか。たくさんの役立つ情報が記された解説をきちんと読むことが大
切です。

　こうした学習の積み重ねにより、真の実力が身につきます。

　皆さんの健闘を祈ります。

本書の使い方

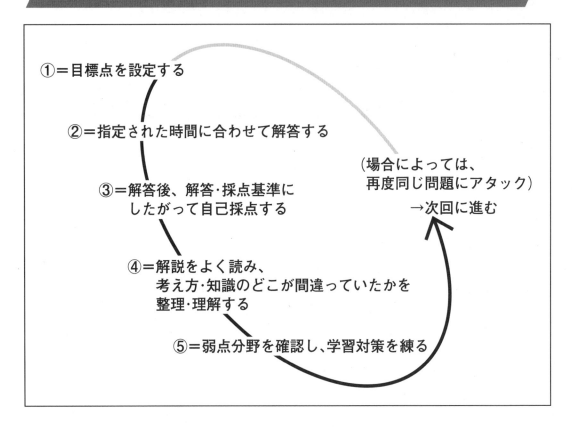

①＝目標点を設定する

②＝指定された時間に合わせて解答する

③＝解答後、解答・採点基準に
したがって自己採点する

④＝解説をよく読み、
考え方・知識のどこが間違っていたかを
整理・理解する

⑤＝弱点分野を確認し、学習対策を練る

（場合によっては、
再度同じ問題にアタック）
→次回に進む

◎次に問題解法のコツを示すので、ぜひ身につけてほしい。

解法のコツ

1. 問題文をよく読んで、正答のマーク方法を十分理解してから問題にかかること。
2. すぐに解答が浮かばないときは、明らかに誤っている選択肢を消去して、正解答を追いつめていく（消去法）。正答の確信が得られなくてもこの方法でいくこと。
3. 時間がかかりそうな問題は後回しにする。必ずしも最初からやる必要はない。時間的心理的効果を考えて、できる問題や得意な問題から手をつけていくこと。
4. 時間が余ったら、制限時間いっぱい使って見直しをすること。

目　次

はじめに　　　　　　　　　　　　　1

本書の使い方　　　　　　　　　　　2

出題傾向と学習対策　　　　　　　　4

出題分野一覧　　　　　　　　　　　8

———————————————————————— [問題編] —— [解答・解説編（別冊）]

第1回（'23年度全統共通テスト高2模試）———— 11 ———— 1

第2回（'23年度第2回全統共通テスト模試改作）29 ———— 19

第3回（'23年度全統プレ共通テスト改作）———— 53 ———— 39

第4回（'23年度第3回全統共通テスト模試改作）75 ———— 59

出題傾向と学習対策

出題傾向

(1) 数と式

　1次方程式・不等式，2次方程式・不等式，対称式の計算，無理数の計算，高次式の値，絶対値を含む方程式・不等式などについての出題が予想される。無理数の計算では，有理化や無理数の整数部分・小数部分などの出題も注意が必要。

　集合と論理も重要である。ド・モルガンの法則，命題の反例，命題の逆・対偶などをはじめ，必要条件・十分条件を判断する問題も十分に演習を積んでおこう。また，他の分野との融合問題も出題されるので注意しておこう。

(2) 図形と計量

　三角比の相互関係，$180° - \theta$ の三角比，正弦定理，余弦定理，面積公式に加えて，中学校で学習した円の性質，平行線の性質，相似比と面積比・体積比の関係などを用いた**測量の出題**が考えられる。また，定理や性質などの証明の問題および角や辺の大小関係の問題，さらに，図形から最大・最小を読み取る問題も出題されるので演習が必要である。そして，2次関数との融合問題も気をつけておきたい。

(3) 2次関数

　2次関数のグラフの平行移動・対称移動，2次関数の決定問題，頂点の座標を求める問題をはじめ，最大値および最小値を放物線の軸の位置によって場合分けを行い求める問題や置き換えを行う問題をまず勉強しておこう。また，放物線と x 軸との位置関係を利用する2次方程式・不等式との融合問題にも注意が必要である。

　そして，**日常の事象（速さ，利益など）を題材とした文章題や図形と計量の分野と融合した問題**を中心にしっかり演習しておこう。

(4) データの分析

　平均値，分散，標準偏差，四分位数，相関係数などの統計量を求めることができるようにすること。新課程では，外れ値について勉強しておこう。ヒストグラム，箱ひげ図，散布図などの読み取りも重要である。さらに，変量の変換に関する問題も出題されているから，しっかり演習を積んでおこう。また，図から情報を引き出す練習も十分にしておきたい。

(5) 図形の性質

　相似，三角形の重心・内心・外心，円の性質，角の二等分線の性質など基本的な内容を理解して使いこなせるようにしておきたい。特に，方べきの定理，チェバ・メネラウスの定理などを使う問題は十分に演習を積み重ねてもらいたい。また，定理や性質の証明および図形と計量の分野との融合や作図にも気をつけておこう。

(6) 場合の数と確率

　この分野は，問題文が長く，読み取るのに時間がかかる問題が多い。したがって，設定を読み間違えると正しい答えが得られないので，文章を正確に捉えられるように国語力の養成をしておくことも必要である。

　また，文字の並べ方，サイコロ，カード・球の取り出し方，くじ引き，経路など，扱われるテーマは多岐にわたるので，幅広く練習しておこう。

　さらに，確率の基本性質を使う問題や反復試行の確率はもちろんだが，条件付き確率や新課程では期待値について特に力を入れて学習しておこう。

学習対策

① 　まずは，基本公式・定理を正しく使えるようにしよう。特に，正弦定理，余弦定理，方べきの定理，チェバ・メネラウスの定理などは素早く的確に使えるように十分な演習を積んでおきたい。

② 　不得意分野については，設問全体の半分くらいでよいので，**得点しやすい部分をきちんと取る**ように努力しよう。この辺りの粘りが大きな差を生むことになる。

③ 　得意分野については，正確に，しかも速く解けるように心がけよう。もちろん，**正確**であることの方が大切である。余力があれば，少し面倒な計算にも挑戦しよう。

④ 　問題文の長さに慣れよう。読み取るのに時間がかかる反面，**問題文の中に多くのヒントが隠されている**（特に，会話には要注意）。図形問題や確率などでは文章が長いものが多いが，設問の流れを読み取り，出題者が意図した誘導に乗ることができれば，スムーズに解答することが可能である。ただ，配点の割には時間を消費してしまうような最後の設問部分には気をつけたい。場合によっては後回しにしてもよいだろう。

⑤ 　上手に時間配分ができるようになろう。まず，**易しい問題**から手をつけたい。

⑥ 　日常の事象を題材とした問題などは計算が煩雑なことが多いので，日頃から計算用紙の使い方，書き方を意識しながら**計算の工夫**をする練習をしておこう。

　以下は問題における取り組み方について述べる。

場合分けを丁寧に

　2次関数の最大・最小の問題や，確率の問題では，面倒がらずに場合分けをすれば解ける問題が多い。また，確率では，個数の少ない場合やある特定の場合を具体的に考えると，よいアイデアが浮かぶことが多い。

計算とグラフ・図・表の連携で解こう

　計算式を連ねるだけでは，途中で行き詰まることが多い。といって，図だけでは正確な数値は求めにくい。両方の長所を使って，互いに補い合うような解き方を目指そう。時間的にとても忙しい試験であるから，正確さと速さの両方を追求するにはこれしかない。

　2次関数でのグラフの利用，三角形・四角形・円などの図の利用，確率での表の利用などはとても有効である。

図を正確に描く練習をしておこう

　数学Ⅰの「図形と計量」と数学Aの「図形の性質」では図形を正確に描かないと問題が解けないことがしばしばある。2018年度本試では線分の長さの大小から図形の形状を読み取る問題が2題も出題された。日頃から意識して正しい図を描く練習をしておこう。

定形部分は手早くこなそう

　公式を当てはめるだけ，代入するだけ，係数を比較するだけのような，決まりきった形の設問は時間をかけずにこなせるようになろう。そこで余裕を生じさせ，考えなければいけない部分にはじっくり時間をかけて取り組もう。易しい部分は速く，難しい部分はゆっくりというように強弱をつけ，より効率的に時間を活用できるようにしよう。

問題の流れをしっかりつかもう

　(1)，(2)，(3)，…と順に積み上げていく問題では，たとえば，(5)が最後の設問だったとすると，(1)～(4)までの設問がヒントとなる場合が極めて多いので注意しよう。(2019年本試第4問整数の性質，2021年本試第1日程第5問図形の性質の問題を参照しておこう)

　また，最後の設問がその前の設問までの解き方を模範にして初めから自分で解くスタイルのものも近年多いのでこのような問題の演習をしておきたい。

　一方，(1)と(2)で設定が変わる問題もあるので注意しなければならない。このような問題では，(1)が解けなくても(2)が解けることもある。

文章題の問題をたくさん解いておこう

　共通テストでは文章題の出題が多いのが特徴であるから，日頃から少しずつ解いておくことが大切である。

証明の練習もしておこう

　図形の問題では証明が出題される可能性が高いので，少なくとも教科書に載っている証明は必ず手を動かして証明しておこう。

解答時間を変えてみよう

　最初は時間を気にせず最後まで解くようにしよう。まずは，内容の理解が大切である。

　また，制限時間内に解くためには，大問1題に15分強くらいしか割り当てることができない。ある程度の練習をこなした後は，きちんと時間を測って，短い時間の中ですべて解けるように頑張ってみよう。

　いずれにしても，きちんと目標をもって問題演習をこなすことが，実力アップへの早道である。計画的に毎日コツコツと努力を重ねよう。

出題分野一覧

	旧課程科目	'14 本試	'14 追試	'15 本試	'15 追試	'16 本試	'16 追試	'17 本試	'17 追試	'18 本試	'18 追試	'19 本試	'19 追試	'20 本試	'20 追試	'21 第1	'21 第2	'22 本試	'22 追試	'23 本試	'23 追試	'24 本試
（数学Ⅰ）数と式																						
1次不等式	I				●	●		●		●		●		●	●				●		●	
解の公式	I		●	●				●		●									●		●	
展開・因数分解	I	●		●	●	●		●		●			●							●		
実数	I		●		●	●						●										●
整数	★		●	●		●		●		●		●		●							●	●
集合と命題	A	●	●	●	●	●	●	●	●	●	●	●	●	●	●	●	●	●	●	●	●	●
（数学Ⅰ）2次関数																						
2次関数のグラフ	I	●	●	●	●	●	●	●	●	●	●	●	●	●	●	●	●	●	●	●	●	●
最大・最小	I	●	●	●	●	●	●	●	●	●	●	●	●	●	●	●	●	●	●	●	●	●
2次方程式・不等式	I	●	●	●	●	●	●	●	●	●	●	●	●	●	●	●	●	●	●	●	●	●
（数学Ⅰ）図形と計量																						
相互関係・三角比	I	●	●	●	●	●	●	●	●	●	●	●	●	●	●	●	●	●	●	●	●	●
正弦定理・余弦定理	I	●	●	●	●	●	●	●	●	●	●	●	●	●	●			●	●	●	●	●
面積（比）計算	I	●	●		●	●						●	●							●		
図形の計量	I				●									●	●							●
（数学Ⅰ）データの分析（＊注）																						
平均, 分散, 標準偏差	B	●	●	●	●	●	●	●	●	●	●	●	●	●	●	●	●	●	●	●	●	●
四分位数, 箱ひげ図	−			●	●	●	●	●	●	●	●	●	●	●	●	●	●	●	●	●	●	●
共分散, 相関係数	B	●	●	●	●	●	●	●	●	●	●	●	●	●	●	●	●	●	●	●	●	●
散布図, ヒストグラムなど	B	●	●	●	●	●	●	●	●	●	●	●	●	●	●	●	●	●	●	●	●	●
（数学A）場合の数と確率																						
順列	A			●						●										●		
組合せ	A	●															●					
確率	A	●	●			●		●		●		●		●		●	●	●	●	●	●	●
独立試行（反復試行）	A				●		●							●								
条件付き確率	C							●		●		●		●		●	●	●	●	●	●	●
（数学A）整数の性質（新課程）																						
約数・倍数	−			●		●		●		●										●		
余りによる分類	−											●		●		●		●				
不定方程式	−				●		●			●		●						●				
位取り記数法	−					●		●		●				●								●
（数学A）図形の性質																						
相似・合同・比	A			●	●	●		●		●				●		●		●	●	●		
三角形の五心	A	●	●		●		●		●		●		●		●				●		●	
円の性質	A	●	●		●		●		●		●		●		●	●		●		●		
基本的な定理	A			●		●		●		●		●		●		●		●		●		●

★旧課程では，「整数の性質」は教科書の学習内容としては位置づけられていなかったが，「方程式と不等式」の応用として出題されていた。また，新課程においても，中学校レベルの整数の知識は数学Ⅰの問題で扱われている。

●は「数学Ⅰ」専用問題のみで扱われた部分。

（＊注）旧課程初年度の2006年度から2014年度ではデータの分析と内容的に重なりの大きい「統計とコンピュータ」が『数学Ⅱ・数学B』に出題されていた。

● 解答上の注意

1 解答は，解答用紙の問題番号に対応した解答欄にマークしなさい。

2 問題の文中の ア ， イウ などには，符号（−，±）又は数字（0 ～ 9）が入ります。ア，イ，ウ，…の一つ一つは，これらのいずれか一つに対応します。それらを解答用紙のア，イ，ウ，…で示された解答欄にマークして答えなさい。

    例 イウ に − 83 と答えたいとき

    | ア | ⬤ | ± | 0 | 1 | 2 | 3 | 4 | 5 | 6 | 7 | 8 | 9 |
    | イ | − | ± | 0 | 1 | 2 | 3 | 4 | 5 | 6 | 7 | ⬤ | 8 | 9 |
    | ウ | − | ± | 0 | 1 | 2 | ⬤ | 4 | 5 | 6 | 7 | 8 | 9 |

3 分数形で解答する場合，分数の符号は分子につけ，分母につけてはいけません。

    例えば， $\dfrac{エオ}{カ}$ に $-\dfrac{4}{5}$ と答えたいときは， $\dfrac{-4}{5}$ として答えなさい。

    また，それ以上約分できない形で答えなさい。

    例えば， $\dfrac{3}{4}$ と答えるところを， $\dfrac{6}{8}$ のように答えてはいけません。

4 小数の形で解答する場合，指定された桁数の一つ下の桁を四捨五入して答えなさい。また，必要に応じて，指定された桁まで⓪にマークしなさい。

    例えば， キ ． クケ に 2.5 と答えたいときは，2.50 として答えなさい。

5 根号を含む形で解答する場合，根号の中に現れる自然数が最小となる形で答えなさい。

    例えば， コ $\sqrt{サ}$ に $4\sqrt{2}$ と答えるところを， $2\sqrt{8}$ のように答えてはいけません。

6 根号を含む分数形で解答する場合，例えば $\dfrac{シ + ス\sqrt{セ}}{ソ}$ に

    $\dfrac{3 + 2\sqrt{2}}{2}$ と答えるところを， $\dfrac{6 + 4\sqrt{2}}{4}$ や $\dfrac{6 + 2\sqrt{8}}{4}$ のように答えてはいけません。

7 問題の文中の二重四角で表記された タ などには，選択肢から一つを選んで，答えなさい。

8 同一の問題文中に チツ ， テ などが2度以上現れる場合，原則として，2度目以降は， チツ ， テ のように細字で表記します。

— 9 —

第 1 回

--- 問題を解くまえに ---

◆　本問題は100点満点です。

◆　問題解答時間は70分です。

◆　問題を解いたら必ず自己採点により学力チェックを行い，解答・解説，
学習対策を参考にしてください。

◆　以下は，'23全統共通テスト高２模試の結果を表したものです。

人　　　数	97,976
配　　　点	100
平　均　点	49.7
標 準 偏 差	18.0
最　高　点	100
最　低　点	0

第1問 (配点 30)

[1] x, y を正の実数とし，$A = \dfrac{2+\sqrt{y}}{x}$，$B = \dfrac{2+\sqrt{y}}{x+1}$，$C = \dfrac{2+\sqrt{y}}{x+2}$ とする。

(1) $x = \dfrac{2}{\sqrt{3}}$，$y = 12$ とする。

$$A = \boxed{\ \text{ア}\ } + \sqrt{\boxed{\ \text{イ}\ }}$$

であり，$m < A < m+1$ を満たす整数 m は $\boxed{\ \text{ウ}\ }$ である。

（数学 I，数学 A 第 1 問は次ページに続く。）

(2) $x=5$, $\dfrac{1}{y}=0.\ddot{0}\ddot{1}$ とする。

$\dfrac{100}{y}-\dfrac{1}{y}$ を計算することで

$$y=\boxed{\text{エオ}}$$

とわかる。

よって，$n<2+\sqrt{y}<n+1$ を満たす整数 n は $\boxed{\text{カキ}}$ である。

また，A，B，C を小数で表したときの小数第1位の数をそれぞれ a，b，c とすると $\boxed{\text{ク}}$ である。

$\boxed{\text{ク}}$ の解答群

⓪ $a<b<c$	① $a<c<b$	② $b<a<c$
③ $b<c<a$	④ $c<a<b$	⑤ $c<b<a$

（数学 I，数学 A 第 1 問は次ページに続く。）

〔2〕 △ABC において，BC = a，CA = b，AB = c，∠ABC < 60° とし，さらに

直線 BC に関して点 A と対称な点を A′

直線 CA に関して点 B と対称な点を B′

直線 AB に関して点 C と対称な点を C′

とする。

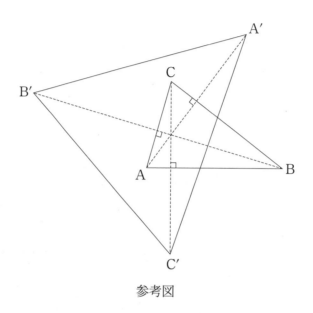

参考図

△ABC，△A′BC，△ABC′ が合同であることに注意すると，

∠A′BC′ = ∠ABC × ケ である。

(1) $a = 3\sqrt{3}$，$b = \sqrt{7}$，$c = 5$ とする。

$$\cos\angle\text{ABC} = \dfrac{\sqrt{\boxed{コ}}}{\boxed{サ}}$$

であり，∠A′BC′ = $\boxed{シス}$° であるから

$$\text{A′C′} = \boxed{セ}\sqrt{\boxed{ソタ}}$$

である。

（数学 I，数学 A 第 1 問は次ページに続く。）

(2) △ABC において，∠BAC＝60°，∠ABC＝α，∠ACB＝β とする。

このとき

$$3\alpha + 3\beta = \boxed{\text{チツテ}}°$$

である。また，∠ABC＜60° であるから $\boxed{\quad \text{ト} \quad}$ である。

次に，△BA′C′，△CA′B′ の面積をそれぞれ S_1，S_2 とする。

a，b，c が ∠BAC＝60°，∠ABC＜60° を満たしながら変化するときの S_1 と S_2 の大小関係の記述として，下の⓪～③のうち，正しいものは $\boxed{\quad \text{ナ} \quad}$ である。

$\boxed{\quad \text{ト} \quad}$ の解答群

⓪ $\quad b < c$　　　　　　① $\quad b = c$　　　　　　② $\quad b > c$

$\boxed{\quad \text{ナ} \quad}$ の解答群

⓪ つねに $S_1 = S_2$ である。

① つねに $S_1 > S_2$ である。

② つねに $S_1 < S_2$ である。

③ $S_1 > S_2$ となることもあれば，$S_1 < S_2$ となることもある。

第2問 （配点 30）

[1] あるスーパーマーケットが自社製の総菜Sを期間限定で販売することにした。

総菜Sの1個あたりの価格を k 円とすると，x 個売れたときの売り上げ金額は kx 円である。

総菜Sを1個作るのにかかる費用は50円であり，売り上げ金額から作った個数分の費用を引いたものを利益とする。ここでは，人件費などは考えないものとし，作った総菜Sはその日のうちにすべて売れるものとする。

(1) 1日限定で総菜Sを販売する。

x 個の総菜Sを作り，1個あたりの価格を $(450-x)$ 円 $(0 < x < 400)$ とすると，売り上げ金額は $\boxed{\text{ア}}$ 円，利益は $\boxed{\text{イ}}$ 円である。また，利益が最大となるのは $x = \boxed{\text{ウエオ}}$ のときである。

$\boxed{\text{ア}}$，$\boxed{\text{イ}}$ の解答群(同じものを繰り返し選んでもよい。)

⓪ $-x^2 + 350x$	① $-x^2 + 400x$
② $-x^2 + 450x$	③ $-x^2 + 500x$

(2) 総菜Sの販売期間を2日間とし，この2日間における利益の合計を総利益とする。また，1日目は x_1 個，2日目は x_2 個の総菜Sを作るものとする。このとき，総菜Sの価格設定について，次の二つのプランを考えた。

プランA：1日目，2日目ともに1個あたりの価格を $(450 - x_1 - x_2)$ 円
$(x_1 > 0,\ x_2 > 0,\ x_1 + x_2 < 400)$ とする。

プランB：1日目の1個あたりの価格を $(450 - x_1)$ 円 $(0 < x_1 < 400)$ とし，x_1 は1日目の利益が最大となるように定める。そのように定めた x_1 に対して，2日目の1個あたりの価格を $(450 - x_1 - x_2)$ 円
$(x_2 \geqq 0,\ x_1 + x_2 < 400)$ とする。

（数学Ⅰ，数学A第2問は次ページに続く。）

(i) このスーパーマーケットでアルバイトをしている太郎さんと花子さんがプランAについて話をしている。

> 太郎：x_1 と x_2 はどう決めたらよいのかな。
> 花子：x_1 と x_2 の合計が同じなら，総利益も同じになる気がする。
> 太郎：具体的にいくつかの値で総利益を計算してみようか。

　プランAを採用した場合
　　$(x_1, x_2) = (50, 100)$ のときの総利益を a 円
　　$(x_1, x_2) = (75, 75)$ 　のときの総利益を b 円
　　$(x_1, x_2) = (100, 150)$ のときの総利益を c 円
とすると，a，b，c の大小関係について，$\boxed{カ}$ が成り立つ。

$\boxed{カ}$ の解答群

⓪ $a = b = c$ 　① $a = b < c$ 　② $a = b > c$ 　③ $a < b < c$

(ii) プランBを採用した場合，2日目の利益は $\boxed{キ}$ 円である。

$\boxed{キ}$ の解答群

⓪ $-x_2{}^2 + 200 x_2$ 　① $-x_2{}^2 + 225 x_2$ 　② $-x_2{}^2 + 250 x_2$

(iii) プランA，プランBを採用した場合の総利益の最大値をそれぞれ M_A，M_B とし，$D = M_A - M_B$ とすると，$\boxed{ク}$ が成り立つ。

$\boxed{ク}$ の解答群

⓪ $D < -5000$ 　① $-5000 \leq D \leq 5000$ 　② $D > 5000$

（数学I，数学A第2問は次ページに続く。）

— 17 —

〔2〕 総務省は，一級河川の「幹川流路延長」と「流域面積」を発表している。

「幹川流路延長」とは本川の上流端から下流端までの長さであり，「流域面積」とは地上に降った雨や雪がその川に流れ込む土地の面積である。

以下では，「流域面積」が 1500 km² 以上の一級河川 44 本の「幹川流路延長」と「流域面積」について考える。また，データが与えられた際，それぞれのデータに対して次の値を外れ値とする。

「(第 1 四分位数) − 1.5 ×(四分位範囲)」以下のすべての値
「(第 3 四分位数) + 1.5 ×(四分位範囲)」以上のすべての値

(1) 次のデータは，一級河川 44 本の「幹川流路延長」(単位は km)を並べたものである。

367	322	268	256	249	239	229	229	213	210	196
194	194	183	173	156	154	153	150	146	143	142
142	137	136	136	133	133	128	126	124	120	120
118	116	115	111	109	107	106	103	102	96	75

(出典：総務省の Web ページにより作成)

(数学 I ，数学 A 第 2 問は次ページに続く。)

このデータにおいて，第1四分位数は $\boxed{\text{ケコサ}}$ であり，第3四分位数は $\boxed{\text{シスセ}}$ であるから，外れ値は全部で $\boxed{\text{ソ}}$ 個である。

また，一級河川44本の「幹川流路延長」の平均値を m_{44}，四分位範囲を q_{44} とし，外れ値を除いた一級河川 $\left(44 - \boxed{\text{ソ}}\right)$ 本の「幹川流路延長」の平均値を m'，四分位範囲を q' とすると

$$m_{44} \boxed{\text{タ}} m', \qquad q_{44} \boxed{\text{チ}} q'$$

である。

$\boxed{\text{タ}}$，$\boxed{\text{チ}}$ の解答群(同じものを繰り返し選んでもよい。)

⓪ $<$	① $=$	② $>$

(数学 I，数学A第2問は次ページに続く。)

(2)　図1は一級河川44本の「幹川流路延長」(横軸)と「流域面積」(縦軸)の散布図
である。なお、この散布図には完全に重なっている点はない。

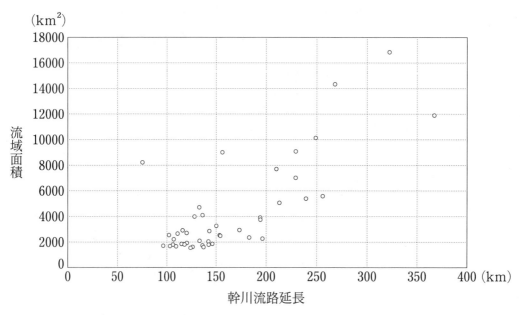

図1　「幹川流路延長」と「流域面積」の散布図

(出典：総務省の Web ページにより作成)

（数学Ⅰ，数学A第2問は次ページに続く。）

次の⓪～④のうち，(1)のデータと(2)の図 1 から読み取れることとして正し
いものは ツ と テ である。

ツ ， テ の解答群(解答の順序は問わない。)

⓪ 「幹川流路延長」が最大の河川は，「流域面積」が最大である。

① 「流域面積」が 6000 km² 未満の河川の数は 35 である。

② 「幹川流路延長」が「幹川流路延長」の第 3 四分位数より大きい河川は，
 すべて「流域面積」が 4000 km² 以上である。

③ 「幹川流路延長」が「幹川流路延長」の第 1 四分位数より小さい河川は，
 すべて「流域面積」が 4000 km² 未満である。

④ 「幹川流路延長」と「流域面積」の積が最大の河川は，「流域面積」が最
 大である。

(数学 I ，数学 A 第 2 問は次ページに続く。)

(3) 太郎さんと花子さんが通っている K 高校の近くには，一級河川の R 川がある。K 高校では地域貢献として R 川の美化活動を行っており，太郎さんと花子さんは K 高校の生徒に対して R 川の状況についてアンケートをとることを考えている。

太郎：40 人の生徒に，R 川がきれいかどうかをたずねたとき，どのくらいの人が「きれいだと思う」と回答したら，K 高校の全生徒のうち，きれいだと思う人の方が多いと判断してよいのかな。

花子：半分よりは多い人数だと思うのだけど…。

二人は，40 人のうち 26 人が「きれいだと思う」と回答した場合に，「K 高校の全生徒を対象とした場合，R 川はきれいだと思う人の方が多い」といえるかどうかを，次の**方針**で考えることにした。

方針

・"K 高校の全生徒のうちで，きれいだと思う人の方が多いとはいえず，「きれいだと思う」と回答する割合と，「きれいだと思う」と回答しない割合が等しい"という仮説をたてる。

・この仮説のもとで，40 人抽出したうちの 26 人以上が「きれいだと思う」と回答する確率が 5% 未満であれば，その仮説は誤っていると判断し，5% 以上であれば，その仮説は誤っているとは判断しない。

次の**実験結果**は，40 枚の硬貨を投げる実験を 500 回行ったとき，表が出た枚数ごとの回数の割合を示したものである。

実験結果

表の枚数	0	1	2	3	4	5	6	7	8	9
割合	0.0%	0.0%	0.0%	0.0%	0.0%	0.0%	0.0%	0.0%	0.0%	0.1%
表の枚数	10	11	12	13	14	15	16	17	18	19
割合	0.1%	0.2%	0.7%	1.1%	2.3%	3.5%	5.9%	8.1%	10.2%	12.1%
表の枚数	20	21	22	23	24	25	26	27	28	29
割合	13.1%	11.9%	9.4%	8.1%	5.8%	3.3%	2.2%	0.9%	0.5%	0.3%
表の枚数	30	31	32	33	34	35	36	37	38	39	40
割合	0.1%	0.1%	0.0%	0.0%	0.0%	0.0%	0.0%	0.0%	0.0%	0.0%	0.0%

（数学Ⅰ，数学A第 2 問は次ページに続く。）

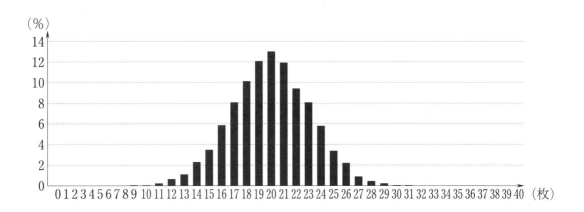

　　実験結果を用いると，40 枚の硬貨のうち 26 枚以上が表となった割合は
　ト ． ナ ％である。これを，40 人のうち 26 人以上が「きれいだと思う」
と回答する確率とみなし，**方針**に従うと，「きれいだと思う」と回答する割合
と，「きれいだと思う」と回答しない割合が等しいという仮説は　ニ　，R 川
はきれいだと思う人の方が　ヌ　。

　　　ニ　，　ヌ　については，最も適当なものを，次のそれぞれの解答群か
ら一つずつ選べ。

　　ニ　の解答群

⓪ 誤っていると判断され	① 誤っているとは判断されず

　　ヌ　の解答群

⓪ 多いといえる	① 多いとはいえない

第3問 （配点 20）

△ABC において，AB = 2，BC = 3，∠ABC = 90° とする。

このとき

$$AC = \sqrt{\boxed{アイ}}$$

である。また，点 D を線分 BD の中点が A となるようにとると

$$BD = \boxed{ウ}, \quad CD = \boxed{エ}$$

である。

点 O を中心とする円が線分 BD と線分 CD の両方に接している。ただし，円 O と線分 BD との接点は A であり，円 O と線分 CD との接点を E とする。さらに，直線 DO と辺 BC との交点を F とする。

このとき

$$CE = \boxed{オ}, \quad BF = \frac{\boxed{カ}}{\boxed{キ}}$$

であり，円 O の半径は $\dfrac{\boxed{ク}}{\boxed{ケ}}$ である。

（数学Ⅰ，数学A第3問は次ページに続く。）

辺 AC と円 O との交点で A と異なる点を G とし，直線 DG と辺 BC との交点を H とする。方べきの定理により

$$CG = \frac{\boxed{コ}\sqrt{\boxed{サシ}}}{\boxed{スセ}}$$

である。また

$$\frac{BH}{HC} = \frac{\boxed{ソ}}{\boxed{タ}}$$

であるから，△FGH の面積は $\dfrac{\boxed{チツ}}{\boxed{テトナ}}$ である。

第4問 （配点 20）

1個のさいころを繰り返し投げ，次の**規則**(a)，(b)にしたがって箱の中の球の個数
（以下，球数）を変化させる。最初，箱の中に球は入っていない。

規則

(a) 1回目に出た目が，3の倍数のときは箱に球を1個入れ，3の倍数でないと
きは箱に球を2個入れる。

(b) 2回目以降は次のように球数を変化させる。

  ・出た目が3の倍数のときは箱に球を1個追加する。

  ・出た目が3の倍数でないときは球数が2倍になるように球を追加する。

例えば，1，2，3回目に出た目がそれぞれ6，3，2ならば，球数は

$$0 \text{個} \xrightarrow[+1]{} 1 \text{個} \xrightarrow[+1]{} 2 \text{個} \xrightarrow[\times 2]{} 4 \text{個}$$

と変化する。

(1) さいころを1回投げるとき，3の倍数の目が出る確率は $\dfrac{\boxed{ア}}{\boxed{イ}}$ である。

（数学Ⅰ，数学A第4問は次ページに続く。）

(2) さいころを2回投げた後の球数のとり得る値は，小さい方から順に

$$2, \boxed{\text{ウ}}, \boxed{\text{エ}}$$

であり，それぞれの値をとる確率は次のようになる。

球数	2	$\boxed{\text{ウ}}$	$\boxed{\text{エ}}$
確率	$\dfrac{1}{3}$	$\dfrac{\boxed{\text{オ}}}{\boxed{\text{カ}}}$	$\dfrac{\boxed{\text{キ}}}{\boxed{\text{ク}}}$

よって，さいころを2回投げた後の球数の期待値は $\dfrac{\boxed{\text{ケコ}}}{\boxed{\text{サ}}}$ である。

また，さいころを2回投げた後の球数が $\boxed{\text{エ}}$ であったとき，2回目に出た目が5である条件付き確率は $\dfrac{\boxed{\text{シ}}}{\boxed{\text{ス}}}$ である。

(3) 球数が5以上になったところでさいころを投げることを終了するものとし，終了するまでにさいころを投げる回数を N とする。

N の最小値は $\boxed{\text{セ}}$ であり，$N = \boxed{\text{セ}}$ となる確率は $\dfrac{\boxed{\text{ソタ}}}{\boxed{\text{チツ}}}$ である。

また，N の期待値は $\dfrac{\boxed{\text{テト}}}{\boxed{\text{ナ}}}$ である。

第 2 回

（70 分/100 点）

◆　問題を解いたら必ず自己採点により学力チェックを行い，解答・解説，学習対策を参考にしてください。

配点と標準解答時間

設　問	配点	標準解答時間
第 1 問　数と式，図形と計量	30点	21　分
第 2 問　　2 次関数， 　　　　　データの分析	30点	21　分
第 3 問　図形の性質	20点	14　分
第 4 問　場合の数と確率	20点	14　分

第1問 （配点 30）

[1] 実数 x は，$x^2 + \dfrac{1}{x^2} = 3$ と $-1 < x < 0$ を満たしているとする。

(1) $\left(x - \dfrac{1}{x} \right)^2 = \boxed{\ \text{ア}\ }$

である。

　　$-1 < x < 0$ を考慮すると

$$x - \dfrac{1}{x} = \boxed{\ \text{イ}\ }$$

であり

$$x = \boxed{\ \text{ウ}\ }$$

である。

$\boxed{\ \text{イ}\ }$ の解答群

⓪ -2	① -1	② 1	③ 2

$\boxed{\ \text{ウ}\ }$ の解答群

⓪ $-2+\sqrt{2}$	① $1-\sqrt{2}$	② $\dfrac{-1-\sqrt{5}}{4}$	③ $\dfrac{1-\sqrt{5}}{2}$

（数学Ⅰ・数学A第1問は次ページに続く。）

(2)　$m < |10x| < m+1$ を満たす整数 m は $\boxed{\text{エ}}$ である。

(3)　$|10x|$ の小数部分を y とすると

$$y^2 + 22y = \boxed{\text{オ}}$$

である。

（数学 I・数学 A 第 1 問は次ページに続く。）

〔2〕

(1) △ABC において，AB＝14，BC＝15，CA＝13 とする。また，△ABC の内接円の中心を I とする。

$$\cos \angle BAC = \boxed{\text{カ}}, \quad \sin \angle BAC = \boxed{\text{キ}}$$

であるから，△ABC の面積は $\boxed{\text{クケ}}$ であり，円 I の半径は $\boxed{\text{コ}}$ である。

次に，円 I と 3 辺 AB，BC，CA との接点をそれぞれ D，E，F とし，AD＝AF＝x とおくと

$$BE = BD = \boxed{\text{サ}}, \quad CE = CF = \boxed{\text{シ}}$$

であるから，$x = \boxed{\text{ス}}$ である。

（数学 I・数学 A 第 1 問は次ページに続く。）

カ ， キ の解答群(同じものを繰り返し選んでもよい。)

⓪ $-\dfrac{5}{13}$　　　① $\dfrac{5}{13}$　　　② $-\dfrac{12}{13}$　　　③ $\dfrac{12}{13}$

サ ， シ の解答群(同じものを繰り返し選んでもよい。)

⓪ $13-x$　　　① $13+x$　　　② $14-x$

③ $14+x$　　　④ $15-x$　　　⑤ $15+x$

(数学 I ・数学 A 第 1 問は次ページに続く。)

(数学 I ・数学 A 第 1 問は次ページに続く。)

(2) 太郎さんが住む街にはまっすぐに走る3本の幹線道路 L_1, L_2, L_3 があり

　　L_1 と L_2 の交差点のところには学校
　　L_2 と L_3 の交差点のところには病院
　　L_3 と L_1 の交差点のところには駅

がある。

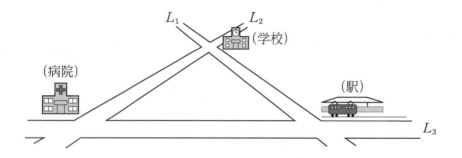

　　3本の幹線道路を直線とみなし，L_1 と L_2，L_2 と L_3，L_3 と L_1 の交点をそれぞれ A，B，C とする。このとき

　　2点 A，B 間の距離は 1.4 km
　　2点 B，C 間の距離は 1.5 km
　　2点 C，A 間の距離は 1.3 km

である。

　　以下，学校，病院，駅はそれぞれ点 A，B，C の位置にあるとし，太郎さんの家も点とみなす。また，太郎さんの歩く速さは分速 80 m とする。

（数学Ⅰ・数学A第1問は次ページに続く。）

太郎さんの家は 3 本の幹線道路 L_1，L_2，L_3 で囲まれた三角形の部分にあり，L_1，L_2，L_3 までの距離がすべて等しいとする。ただし，太郎さんの家から幹線道路までの距離とは，太郎さんの家を表す点から幹線道路を表す直線に下ろした垂線の長さとする。

このとき，学校，病院，駅のうち，太郎さんの家からの距離が最も短いのは セ である。また，太郎さんが自宅から セ に向かってまっすぐに歩くことができるとすると，その所要時間はおよそ ソ 分である。ただし，$\sqrt{13}=3.6056$ とする。

セ の解答群

⓪ 学校	① 病院	② 駅

ソ の解答群

⓪ 8	① 9	② 10	③ 11	④ 12

第2問 （配点 30）

[1] 太郎さんと花子さんが所属している数学部では，文化祭でたい焼き屋を出店することになった。過去の文化祭において，たい焼き屋が出店された直近3回におけるたい焼き1個あたりの価格と売り上げ個数の販売実績について先生に聞いたところ，表1のようであった。これをもとに，二人はたい焼き1個あたりの価格について考えることにした。

表1　過去の文化祭におけるたい焼き1個あたりの価格と実際の売り上げ個数

1個あたりの価格(円)	150	180	200
売り上げ個数(個)	341	278	243

花子：たい焼き1個あたりの価格を x 円，売り上げ個数を y 個として，過去の販売実績を点として座標平面上にとってみたよ（図1）。

太郎：白丸の点だね。売り上げ個数の一の位を四捨五入して

表2

1個あたりの価格(円)	150	180	200
売り上げ個数(個)	340	280	240

とすると，黒丸の点になってきれいに一直線上に並ぶね。

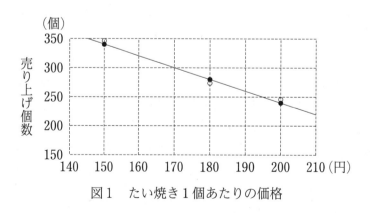

図1　たい焼き1個あたりの価格

（数学Ⅰ・数学A第2問は次ページに続く。）

y が x の 1 次関数であると仮定し，太郎さんの発言にある表 2 を用いると

$$y = \boxed{\text{ア}}$$

が成り立つ。

　以下，x と y にはこの関係が成り立つとする。

$\boxed{\text{ア}}$ の解答群

⓪　　$-x + 440$	①　　$-x + 490$
②　　$-2x + 600$	③　　$-2x + 640$
④　　$-3x + 790$	⑤　　$-3x + 880$

　$y \geqq 0$ を満たす整数 x の最大値は $\boxed{\text{イウエ}}$ である。

　売り上げ金額を z 円とすると $z = xy$ である。x が 1 以上 $\boxed{\text{イウエ}}$ 未満の整数値をとるとすると，売り上げ金額が最大となるとき

たい焼き 1 個あたりの価格は $\boxed{\text{オカキ}}$ 円，売り上げ金額は $\boxed{\text{ク}}$ 円

である。

$\boxed{\text{ク}}$ の解答群

⓪　44000	①　48000	②　50400	③　51000	④　51200

（数学Ⅰ・数学A第 2 問は次ページに続く。）

太郎さんと花子さんはたい焼き1個あたりの価格を150円以上200円以下として，予想される利益について考えた。

利益は売り上げ金額から費用を引いた金額とする。費用には固定費用と可変費用があり，これらの和が費用となる。

固定費用は，調理器具一式のレンタル料および部員全員分のたい焼きロゴマーク入りTシャツ代の合計35700円であった。

また，可変費用は材料費である。材料についてはちょうど売り上げ個数の分だけ仕入れるとし，たい焼き1個あたりk円かかるとする。ただし，kは20以上80以下の整数とする。

(1) 太郎さんと花子さんは利益の最大値について考えた。

太郎：利益を最大にするためには，どうすればよいのかな？
花子：まず，たい焼き1個あたりの材料費が最小の場合を考えてみよう。

$k=20$ とする。x が $150 \leqq x \leqq 200$ の範囲の整数値を変化するとき，利益が最大となるのは，たい焼き1個あたりの価格を ケコサ 円としたときであり，そのときの利益は シ 円である。

シ の解答群

⓪ 7500　　① 7900　　② 8500　　③ 9300　　④ 10300

（数学 I・数学 A 第 2 問は次ページに続く。）

(2) 太郎さんと花子さんは，利益がつねに正となるようなたい焼き 1 個あたりの材料費の最大値について考えた。

$150 \leq x \leq 200$ における利益の最小値を m 円とすると

$20 \leq k \leq \boxed{スセ}$ のとき $\qquad m = \boxed{ソ}$

$\boxed{スセ} \leq k \leq 80$ のとき $\qquad m = \boxed{タ}$

であり，x が $150 \leq x \leq 200$ の範囲の整数値を変化するとき，利益がつねに正となるような整数 k の最大値は $\boxed{チツ}$ である。

$\boxed{ソ}$，$\boxed{タ}$ の解答群（同じものを繰り返し選んでもよい。）

⓪ $\quad -240k + 12300$		① $\quad -240k + 14800$
② $\quad -290k + 12550$		③ $\quad -290k + 15050$
④ $\quad -340k + 15300$		⑤ $\quad -340k + 17800$

[2]

(1) 気象庁は沖縄地方の梅雨入り日と梅雨明け日を発表している。

気象庁が発表している日付は普通の月日形式であるが，この問題では該当する年の1月1日を「1」とし，12月31日を「365」（うるう年の場合は「366」）とする「年間通し日」に変更している。例えば，2月25日は，1月31日の「31」に2月25日の「25」を加えた「56」となる。

図1は1973年から2022年までの50年間の沖縄地方の「梅雨入り日」（横軸）と「梅雨明け日」（縦軸）の散布図である。なお，散布図には補助的に切片が20，30，40，50，60である傾き1の直線を5本付加している。

また，以下では，梅雨明け日から梅雨入り日を引いたものを「梅雨の期間」と呼ぶことにする。

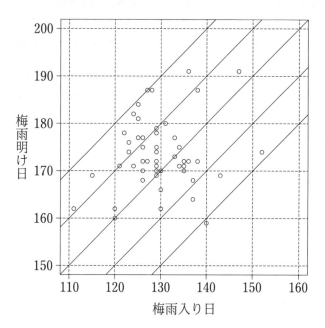

図1　梅雨入り日と梅雨明け日の散布図

（出典：気象庁のWebページにより作成）

（数学I・数学A第2問は次ページに続く。）

(i) 梅雨明け日に対応する箱ひげ図は 　チ　 である。

　　　チ　 については，最も適当なものを，次の⓪～③のうちから一つ選べ。

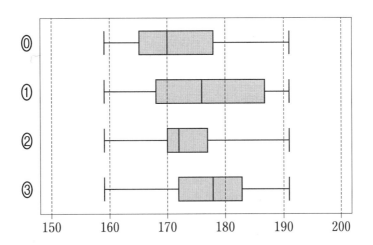

外れ値を，

　　「(第 1 四分位数) − 1.5 ×(四分位範囲)」以下のすべての値

　　「(第 3 四分位数) + 1.5 ×(四分位範囲)」以上のすべての値

とする。

　　外れ値が存在する箱ひげ図は上の⓪～③のうちの 　ツ　 である。

（数学 I・数学 A 第 2 問は次ページに続く。）

(ii) 次の⓪~④のうち，図1から読み取れることとして正しいものは テ と ト である。

テ ， ト の解答群（解答の順序は問わない。）

⓪ 梅雨の期間が最も長い年は，梅雨明け日が最も遅い年である。

① 梅雨の期間が最も短い年は，梅雨明け日が最も早い年である。

② 梅雨入り日の中央値と梅雨明け日の中央値の差の絶対値は，50 より大きい。

③ 梅雨入り日の範囲は，梅雨明け日の範囲より小さい。

④ 梅雨入り日の四分位範囲は，梅雨明け日の四分位範囲より大きい。

（数学 I・数学 A 第 2 問は次ページに続く。）

(2) 沖縄県の県庁所在地である那覇市の，1993 年から 2022 年までの 30 年間における，概ね梅雨の期間に相当する 5 月と 6 月の 2 か月間の降水量についても調べた。

　沖縄地方の梅雨の期間を変量 U，那覇市の 5 月と 6 月の 2 か月間の降水量を変量 V とし，変量 W を $W = \dfrac{V}{U}$ で定める。

　図 2 は U（横軸）と V（縦軸）の散布図である。なお，散布図には補助的に原点を通り，傾きが 10，20 である直線を 2 本付加している。

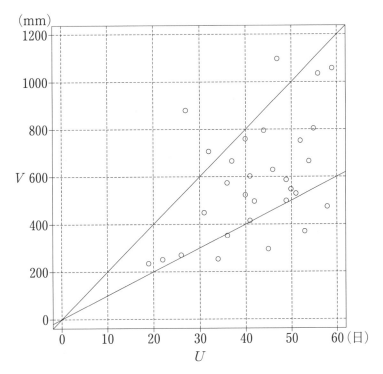

図 2　U と V の散布図

（出典：気象庁の Web ページにより作成）

（数学 I・数学 A 第 2 問は次ページに続く。）

(ⅰ) 次の⓪〜④のうち，図2から読み取れることとして正しいものは ナ と ニ である。

ナ ， ニ の解答群（解答の順序は問わない。）

⓪ W の値が最小の年は，V の値が最小の年である。

① W の値が最大の年は，V の値が最大の年である。

② W の値が10以上20未満の年の数は，20より多い。

③ U と V の積が最大の年は，V の値が最大の年である。

④ U と V の積が最小の年は，U の値が最小の年である。

（数学Ⅰ・数学A第2問は次ページに続く。）

(ii) 次の表1は，U と V についての値をまとめたものである。ただし，U と V の共分散は，U の偏差と V の偏差の積の平均値である。また，いずれの値も小数第2位を四捨五入している。

表1　平均値，標準偏差，共分散および相関係数

	平均値	標準偏差	共分散	相関係数
U	42.4	S	1195.1	0.5
V	586.0	235.5		

n を正の整数とする。実数値のデータ u_1，u_2，$\cdots$，u_n に対して，平均値 $\overline{u}$ を

$$\overline{u} = \frac{u_1 + u_2 + \cdots + u_n}{n}$$

とおくと，分散 $s_u{}^2$ は

$$s_u{}^2 = \frac{1}{n}(u_1{}^2 + u_2{}^2 + \cdots + u_n{}^2) - (\overline{u})^2$$

で計算できることが知られている。

U の標準偏差 S は $\boxed{ヌ}$ であり，U^2 の平均値は $\boxed{ネ}$ である。

$\boxed{ヌ}$ については，最も適当なものを，次の⓪～③のうちから一つ選べ。

⓪　7.4　　　　①　8.3　　　　②　9.2　　　　③　10.1

$\boxed{ネ}$ については，最も適当なものを，次の⓪～③のうちから一つ選べ。

⓪　1776.4　　　①　1899.8　　　②　2023.2　　　③　2146.6

（数学Ⅰ・数学A第2問は次ページに続く。）

第3問 (配点 20)

AB＝AC かつ AB＞BC である二等辺三角形 ABC がある。辺 AC 上に点 C と異なる点 D を，BC＝BD となるようにとる。ただし，AD≠BD であるとする。また，△ABC の外心を O，△ABD の外心を X，△BCD の外心を Y とする。

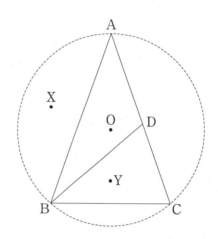

(1) 点 Y と円 X の位置関係について考えよう。

円 O に着目すると，∠AOB＝ ア である。また，円 Y に着目すると，

ア ＝ イ である。

よって，イ ＋ ウ ＝180° であるから，点 Y は円 X の周上にあるとわかる。

（数学 I・数学 A 第 3 問は次ページに続く。）

ア の解答群

⓪ ∠ADB   ① ∠AYB   ② 2∠ACB   ③ 2∠ABD

イ の解答群

⓪ ∠CYD   ① ∠BYD   ② 2∠DCY   ③ 2∠CBD

ウ の解答群

⓪ ∠ACB   ① ∠ABD   ② ∠BOD   ③ ∠BAD

（数学Ⅰ・数学A第3問は次ページに続く。）

(2) 直線 OX と直線 CY が平行であることを示そう。このことは，次の**構想**に基づいて，後のように説明できる。

---**構想**---

　O は △ABC の外心であるから，O は辺 AB の垂直二等分線上にある。また，X は △ABD の外心であるから，X も辺 AB の垂直二等分線上にある。よって，直線 OX は辺 AB と垂直に交わる。

　したがって，直線 OX と直線 CY が平行であることを証明するためには，直線 CY が辺 AB と垂直に交わることを示せばよい。

　直線 CY と辺 AB との交点を E，直線 BY と辺 AC との交点を F とする。△BCD が BC＝BD の二等辺三角形であることから，∠BFC＝$\boxed{\textbf{エオ}}$°である。さらに，△ABC，△YBC がそれぞれ AB＝AC，YB＝YC の二等辺三角形であることから，∠EBC＝$\boxed{\textbf{カ}}$，∠ECB＝$\boxed{\textbf{キ}}$である。

　したがって，△EBC ≡ $\boxed{\textbf{ク}}$ であるから，∠CEB＝$\boxed{\textbf{エオ}}$°であり，直線 CY は辺 AB と垂直に交わる。

$\boxed{\textbf{カ}}$，$\boxed{\textbf{キ}}$ の解答群(同じものを繰り返し選んでもよい。)

⓪ ∠FBC	① ∠FCB	② ∠FYD	③ ∠BDE

$\boxed{\textbf{ク}}$ の解答群

⓪ △BCD	① △FCE	② △FCB	③ △BYC

（数学Ⅰ・数学A第3問は次ページに続く。）

(3) △ABC において，AB＝AC＝10，CD＝4 であり，円 Y の半径が $\dfrac{10}{3}$ であるとする。また，円 X と直線 CY との交点のうち，Y と異なるものを Z とし，円 X 上に動点 P をとる。

このとき

$$YZ = \frac{\boxed{\text{ケコ}}}{\boxed{\text{サ}}}$$

であり，△PYZ の面積の最大値は $\dfrac{\boxed{\text{シス}}\left(\boxed{\text{セ}}+\boxed{\text{ソ}}\sqrt{\boxed{\text{タチ}}}\right)}{\boxed{\text{ツ}}}$ である。

第4問 (配点 20)

n を 2 以上の整数とする。縦が 2 行，横が n 列の表の $2n$ 個のマスに 1 から $2n$ まで
の整数を重複することなく一つずつ入れたものを $T(n)$ と呼ぶことにする。

例えば，次の表は $T(3)$ の一例である。

2	6	3
4	1	5

さらに，$T(n)$ のうち，次の二つの規則に従うものを「増加表」と呼ぶことにする。

（規則 1 ） 横に並んでいる二つのマスの数においては右のマスの数の方が大きい。

（規則 2 ） 縦に並んでいる二つのマスの数においては下のマスの数の方が大きい。

例えば，次の表(*)が増加表であるための条件は

$$a_1 < a_2 < a_3 \quad かつ \quad b_1 < b_2 < b_3$$
$$かつ \quad a_1 < b_1 \qquad かつ \quad a_2 < b_2 \qquad かつ \quad a_3 < b_3$$

である。

a_1	a_2	a_3
b_1	b_2	b_3

$\cdots\cdots\cdots\cdots\cdots\cdots\cdots$ (*)

(1)　$T(2)$ は全部で 24 通りである。

24 通りの $T(2)$ のうち，増加表であるものは全部で $\boxed{\text{ア}}$ 通りである。

（数学 I ・数学 A 第 4 問は次ページに続く。）

(2)　$T(3)$ は全部で イウエ 通りである。

　　イウエ 通りの $T(3)$ のうち，増加表であるものは，前出の表(∗)において

$$(a_1,\ b_3) = (\boxed{\ \text{オ}\ },\ \boxed{\ \text{カ}\ })$$

であること，および b_1 の値に注意して数えると，全部で キ 通りである。

(3)　$T(4)$ のうち，増加表であるものについて

 であるものは ク 通り

 であるものは ケ 通り

である。

　　$T(4)$ のうち，増加表であるものは全部で コサ 通りである。

(4)　$T(5)$ のうち，増加表であるものは全部で シス 通りである。

第 3 回

(70 分/100 点)

◆　問題を解いたら必ず自己採点により学力チェックを行い，解答・解説，
　学習対策を参考にしてください。

配点と標準解答時間

設　問	配点	標準解答時間
第1問　数と式，集合と命題， 　　　図形と計量	30点	21　分
第2問　2次関数， 　　　データの分析	30点	21　分
第3問　図形の性質	20点	14　分
第4問　場合の数・確率	20点	14　分

第1問 (配点 30)

[1] a を実数とし，x の方程式

$$x^4 - (3a - 2)x^2 + 2a^2 - 4a = 0 \qquad \cdots\cdots\cdots\cdots\cdots\cdots ①$$

を考える。

$t = x^2$ とおくと，① は

$$\left(t - \boxed{\text{ア}}\, a\right)\left(t - a + \boxed{\text{イ}}\right) = 0$$

と変形できる。

(1) $a = 0$ のとき，① の実数解は $\boxed{\text{ウ}}$ である。

(2) $a = 2$ のとき，① の実数解は $\boxed{\text{エオ}}$, $\boxed{\text{カ}}$, $\boxed{\text{キ}}$ である。ただし，$\boxed{\text{カ}} < \boxed{\text{キ}}$ とする。

(3) ① が異なる四つの実数解をもつような a の値の範囲は $\boxed{\text{ク}}$ である。

$\boxed{\text{ク}}$ の解答群

⓪ $a < 0$	① $0 < a < 2$	② $2 < a$

（数学 I・数学 A 第 1 問は次ページに続く。）

(4) 「$a=1$」は，「x の方程式 ① が $\sqrt{2}$ を解にもつ」ための ケ 。

ケ の解答群

⓪	必要条件であるが，十分条件ではない
①	十分条件であるが，必要条件ではない
②	必要十分条件である
③	必要条件でも十分条件でもない

（数学 I ・数学 A 第 1 問は次ページに続く。）

［2］ 以下の問題を解答するにあたっては，必要に応じて 60 ページの三角比の表を用いてもよい。

(1) 平面上に一辺の長さが a の正五角形 ABCDE がある。

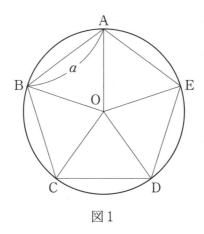

図1

正五角形 ABCDE の外接円の中心を O とすると，△OAB，△OBC，△OCD，△ODE，△OEA はすべて合同であり

$$\angle \text{AOB} = \boxed{\text{コサ}}°, \quad \angle \text{OAB} = \angle \text{OBA} = \boxed{\text{シス}}°$$

である。

点 O から辺 AB に下ろした垂線と辺 AB との交点を M とすると

$$\text{OM} = \boxed{\text{セ}}$$

であり，△OAB の面積は $\boxed{\text{ソ}}$ である。

したがって，正五角形 ABCDE の面積は $\boxed{\text{ソ}} \times 5$ である。

（数学 I・数学 A 第 1 問は次ページに続く。）

セ の解答群

⓪ $a \tan \boxed{シス}°$ ① $\dfrac{a}{2} \tan \boxed{シス}°$

② $\dfrac{a}{\tan \boxed{シス}°}$ ③ $\dfrac{a}{2 \tan \boxed{シス}°}$

ソ の解答群

⓪ $\dfrac{a^2}{2} \sin \boxed{シス}°$ ① $\dfrac{a^2}{2 \sin \boxed{シス}°}$

② $\dfrac{a^2}{4} \tan \boxed{シス}°$ ③ $\dfrac{a^2}{4 \tan \boxed{シス}°}$

（数学 I ・数学 A 第 1 問は次ページに続く。）

(2) 太郎さんと花子さんは修学旅行で北海道函館市にある五稜郭を訪れている。

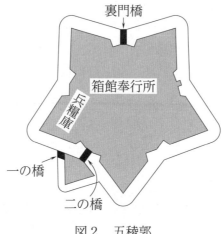

図2　五稜郭

太郎：五稜郭の敷地面積についてのレポートを考えないといけないね。

花子：まず，一の橋と二の橋の両方につながっている敷地は無視して考えるとして…。

太郎：正五角形の内部にある星形の面積と考えたらどうかな。図を描いてみるね。

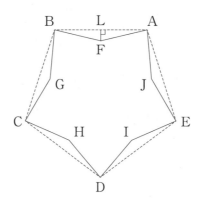

（L は線分 AB 上の点で，∠ALF ＝ 90° である）

図3

花子：堀があるから正五角形の一辺の長さは測れないね。

太郎：裏門橋があるから FL の長さは測れるよ。

花子：あとは ∠AFL の大きさを測ることができれば，五稜郭のおよその敷地面積が求められるね。

（数学Ⅰ・数学A第1問は次ページに続く。）

以下において，図 3 の五角形 ABCDE は正五角形であるとし，△FAB，△GBC，△HCD，△IDE，△JEA は合同な二等辺三角形であるとする。さらに，FL ＝ 40，∠AFL ＝ 75° とする。

(i) AB ＝ $\boxed{\text{タチ}}$ × $\boxed{\text{ツ}}$ であるから，AB の長さはおよそ $\boxed{\text{テ}}$ である。

　　したがって，AB ＝ $\boxed{\text{テ}}$ として計算すると，星形 AFBGCHDIEJ の面積はおよそ $\boxed{\text{ト}}$ である。

(ii) 星形 AFBGCHDIEJ の周の長さはおよそ $\boxed{\text{ナ}}$ である。

$\boxed{\text{ツ}}$ の解答群

⓪　$\cos 75°$	①　$\sin 75°$	②　$\tan 75°$

$\boxed{\text{テ}}$ の解答群

⓪　200	①　250	②　300
③　350	④　400	⑤　450

$\boxed{\text{ト}}$ の解答群

⓪　123000	①　124000	②　125000
③　126000	④　127000	⑤　128000

$\boxed{\text{ナ}}$ の解答群

⓪　1400	①　1450	②　1500
③　1550	④　1600	⑤　1650

（数学Ⅰ・数学A第 1 問は次ページに続く。）

三 角 比 の 表

角	正弦（sin）	余弦（cos）	正接（tan）	角	正弦（sin）	余弦（cos）	正接（tan）
0°	0.0000	1.0000	0.0000	45°	0.7071	0.7071	1.0000
1°	0.0175	0.9998	0.0175	46°	0.7193	0.6947	1.0355
2°	0.0349	0.9994	0.0349	47°	0.7314	0.6820	1.0724
3°	0.0523	0.9986	0.0524	48°	0.7431	0.6691	1.1106
4°	0.0698	0.9976	0.0699	49°	0.7547	0.6561	1.1504
5°	0.0872	0.9962	0.0875	50°	0.7660	0.6428	1.1918
6°	0.1045	0.9945	0.1051	51°	0.7771	0.6293	1.2349
7°	0.1219	0.9925	0.1228	52°	0.7880	0.6157	1.2799
8°	0.1392	0.9903	0.1405	53°	0.7986	0.6018	1.3270
9°	0.1564	0.9877	0.1584	54°	0.8090	0.5878	1.3764
10°	0.1736	0.9848	0.1763	55°	0.8192	0.5736	1.4281
11°	0.1908	0.9816	0.1944	56°	0.8290	0.5592	1.4826
12°	0.2079	0.9781	0.2126	57°	0.8387	0.5446	1.5399
13°	0.2250	0.9744	0.2309	58°	0.8480	0.5299	1.6003
14°	0.2419	0.9703	0.2493	59°	0.8572	0.5150	1.6643
15°	0.2588	0.9659	0.2679	60°	0.8660	0.5000	1.7321
16°	0.2756	0.9613	0.2867	61°	0.8746	0.4848	1.8040
17°	0.2924	0.9563	0.3057	62°	0.8829	0.4695	1.8807
18°	0.3090	0.9511	0.3249	63°	0.8910	0.4540	1.9626
19°	0.3256	0.9455	0.3443	64°	0.8988	0.4384	2.0503
20°	0.3420	0.9397	0.3640	65°	0.9063	0.4226	2.1445
21°	0.3584	0.9336	0.3839	66°	0.9135	0.4067	2.2460
22°	0.3746	0.9272	0.4040	67°	0.9205	0.3907	2.3559
23°	0.3907	0.9205	0.4245	68°	0.9272	0.3746	2.4751
24°	0.4067	0.9135	0.4452	69°	0.9336	0.3584	2.6051
25°	0.4226	0.9063	0.4663	70°	0.9397	0.3420	2.7475
26°	0.4384	0.8988	0.4877	71°	0.9455	0.3256	2.9042
27°	0.4540	0.8910	0.5095	72°	0.9511	0.3090	3.0777
28°	0.4695	0.8829	0.5317	73°	0.9563	0.2924	3.2709
29°	0.4848	0.8746	0.5543	74°	0.9613	0.2756	3.4874
30°	0.5000	0.8660	0.5774	75°	0.9659	0.2588	3.7321
31°	0.5150	0.8572	0.6009	76°	0.9703	0.2419	4.0108
32°	0.5299	0.8480	0.6249	77°	0.9744	0.2250	4.3315
33°	0.5446	0.8387	0.6494	78°	0.9781	0.2079	4.7046
34°	0.5592	0.8290	0.6745	79°	0.9816	0.1908	5.1446
35°	0.5736	0.8192	0.7002	80°	0.9848	0.1736	5.6713
36°	0.5878	0.8090	0.7265	81°	0.9877	0.1564	6.3138
37°	0.6018	0.7986	0.7536	82°	0.9903	0.1392	7.1154
38°	0.6157	0.7880	0.7813	83°	0.9925	0.1219	8.1443
39°	0.6293	0.7771	0.8098	84°	0.9945	0.1045	9.5144
40°	0.6428	0.7660	0.8391	85°	0.9962	0.0872	11.4301
41°	0.6561	0.7547	0.8693	86°	0.9976	0.0698	14.3007
42°	0.6691	0.7431	0.9004	87°	0.9986	0.0523	19.0811
43°	0.6820	0.7314	0.9325	88°	0.9994	0.0349	28.6363
44°	0.6947	0.7193	0.9657	89°	0.9998	0.0175	57.2900
45°	0.7071	0.7071	1.0000	90°	1.0000	0.0000	—

第2問 （配点 30）

[1] 図1のような縦100 m，横200 mの長方形の土地があり，直角二等辺三角形状に牧草が生えている。この土地で乳牛を育てるために，周の長さが320 mの長方形状の柵を設置することを考える。その際にできるだけ柵内の牧草が生えている部分の面積が大きくなるようにしたい。

　そのために状況を簡略化し，図2のような AB＝200，BC＝100 の長方形 ABCD と ∠AOB＝90° である直角二等辺三角形 OAB および周の長さが320である長方形 PQRS を考える。ただし，2点 P，Q は辺 AB 上にあるとし，長方形 PQRS は点 O と辺 AB の中点を通る直線に関して対称であるとする。さらに，直角二等辺三角形 OAB と長方形 PQRS の共通部分を F とし，F の面積を T とする。

図1

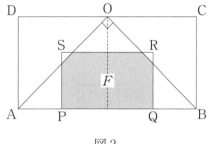

図2

(1) PS＝80 のとき，長方形 PQRS は正方形となり

$$T = \boxed{\text{アイウエ}}$$

である。

（数学 I・数学 A 第 2 問は次ページに続く。）

(2) PS $= x$ $(0 < x < 100)$ とおく。このとき
$$PQ = \boxed{\text{オ}}, \quad AP = \boxed{\text{カ}}$$
である。

$\boxed{\text{オ}}$, $\boxed{\text{カ}}$ の解答群(同じものを繰り返し選んでもよい。)

⓪ $-2x+160$	① $-2x+80$	② $-x+160$	③ $-x+80$
④ $x+40$	⑤ $x+20$	⑥ $\dfrac{1}{2}x+40$	⑦ $\dfrac{1}{2}x+20$

太郎さんと花子さんは T が最大となる場合について考えている。

太郎:F の形は x の値によって変化するね。
花子:まず長方形 PQRS が,直角二等辺三角形 OAB の周および内部からなる領域に含まれる場合について考えようか。
太郎:$AP \geqq PS$ となるときだね。

長方形 PQRS が,直角二等辺三角形 OAB の周および内部からなる領域に含まれるのは
$$0 < x \leqq \boxed{\text{キク}}$$
のときである。

$0 < x \leqq \boxed{\text{キク}}$ のとき $\quad T = \boxed{\text{ケ}}$

$\boxed{\text{キク}} < x < 100$ のとき $\quad T = \boxed{\text{コ}}$

であるから,$0 < x < 100$ において T が最大となるのは $x = \boxed{\text{サシ}}$ のときである。

$\boxed{\text{ケ}}$, $\boxed{\text{コ}}$ の解答群(同じものを繰り返し選んでもよい。)

⓪ $-x^2+80x$	① $-x^2+160x$
② $-x^2+240x$	③ $-\dfrac{5}{4}x^2+80x-400$
④ $-\dfrac{5}{4}x^2+120x-400$	⑤ $-\dfrac{5}{4}x^2+180x-400$

〔2〕　総務省統計局では，社会生活統計指標として，47 都道府県ごとの常設映画館数，公共体育館数，図書館数など，様々な施設に関するデータを公表している。

(1)　図1は，1995 年度から 2020 年度まで，5 年ごとの六つの年度（それぞれを「時点」と呼ぶことにする）における，47 都道府県ごとの 100 万人あたりの常設映画館数（以下，映画館数）を時点ごとに箱ひげ図にして並べたものである。また，図中の折れ線グラフは時点ごとの映画館数の平均値を結んだものである。

　　　また，図2は，映画館数の時点ごとのヒストグラムである。ただし，年度の順に並んでいるとは限らない。なお，ヒストグラムの各階級の区間は，左側の数値を含み，右側の数値を含まない。

　　　次の　ス　に当てはまるものを，図2の⓪～⑤のうちから一つ選べ。

　　　2000 年度のヒストグラムは　ス　である。

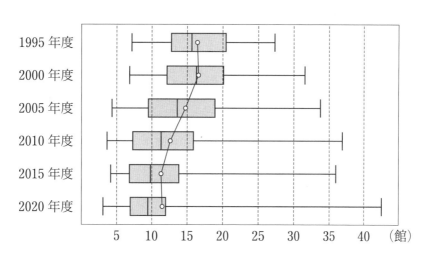

図1　映画館数の時点ごとの箱ひげ図
（出典：総務省統計局の Web ページにより作成）

（数学Ⅰ・数学A第2問は次ページに続く。）

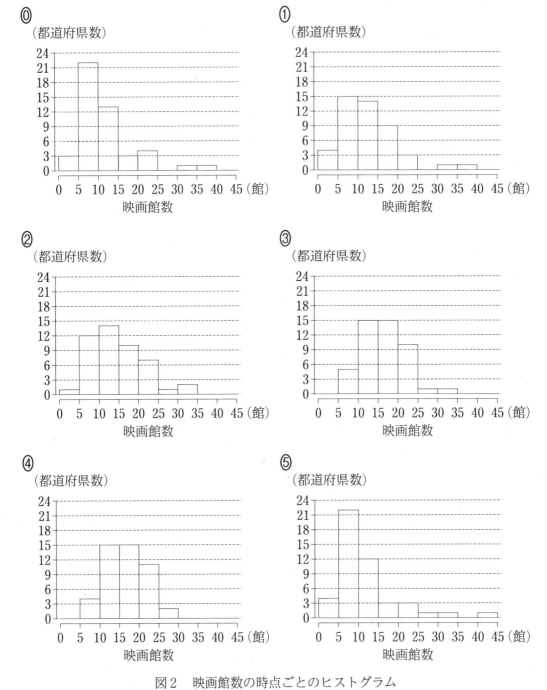

図2　映画館数の時点ごとのヒストグラム

(出典：総務省統計局の Web ページにより作成)

(数学Ⅰ・数学A第2問は次ページに続く。)

次の⓪～④のうち，図1から読み取れることとして正しいものは セ と
ソ である。

セ ， ソ の解答群（解答の順序は問わない。）

⓪ 1995年度を除く5時点すべてにおいて，映画館数の範囲は，それぞれ
の直前の時点より増加している。

① 1995年度を除く5時点すべてにおいて，映画館数の第3四分位数は，
それぞれの直前の時点より減少している。

② 映画館数が平均値より小さい都道府県数は，6時点すべてにおいて24
以上である。

③ 6時点において，四分位偏差が5以上である時点が少なくとも一つあ
る。

④ 6時点において，47都道府県全体における映画館の総数が最も多い時
点は2020年度である。

（数学Ⅰ・数学A第2問は次ページに続く。）

(2) 図 3 は，2015 年度における，47 都道府県ごとの 100 万人あたりの公共体育館数（以下，体育館数）を横軸，100 万人あたりの図書館数（以下，図書館数）を縦軸とした散布図である。なお，散布図には完全に重なっている点はない。

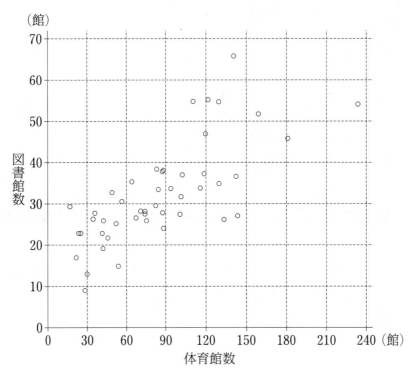

図 3　2015 年度における体育館数と図書館数の散布図
（出典：総務省統計局の Web ページにより作成）

（数学Ⅰ・数学A 第 2 問は次ページに続く。）

次の⓪～④のうち，図3から読み取れることとして正しいものは タ と

チ である。

タ ， チ の解答群（解答の順序は問わない。）

⓪ 体育館数が最大である都道府県は，図書館数も最大である。

① 体育館数と図書館数には正の相関がある。

② 図書館数が体育館数より多い都道府県が少なくとも三つある。

③ 体育館数の範囲は，図書館数の範囲の3倍より大きい。

④ 図書館数が最大である都道府県は，体育館数と図書館数の和が2番目に大きい。

（数学Ⅰ・数学A第2問は次ページに続く。）

(3)　次の表1は，2015年度における体育館数と映画館数の平均値，分散，標準偏差，共分散の値をまとめたものである。ただし，体育館数と映画館数の共分散は，体育館数の偏差と映画館数の偏差の積の平均値である。また，いずれの値も小数第3位を四捨五入している。

表1　平均値，分散，標準偏差および共分散

	平均値	分散	標準偏差	共分散
体育館数	84.91	2098.38	45.81	39.12
映画館数	11.30	45.35	6.73	

　表1を用いると，2015年度における体育館数と映画館数の相関係数は $\boxed{\text{ツ}}$ である。

$\boxed{\text{ツ}}$ については，最も適当なものを，次の⓪～⑨のうちから一つ選べ。

⓪　-0.74　　　①　-0.57　　　②　-0.41　　　③　-0.13
④　-0.05　　　⑤　0.05　　　⑥　0.13　　　⑦　0.41
⑧　0.57　　　⑨　0.74

（数学I・数学A第2問は次ページに続く。）

[3]　太郎さんは，ある硬貨を投げると表が出やすい気がするので，実験して確かめようと思った。

そこでこの硬貨を 14 回投げたところ，表が 11 回出た。

太郎さんは

　　仮説 A：この硬貨は表が出やすい

という仮説を立てた。

表が 11 回出たら「表が出やすい」と判断できるのであれば，表が 11 回以上出た場合も「表が出やすい」と判断できるから，この場合は

　　事象 E：14 回投げて表が 11 回以上出る

が起きたと見なすことにする。仮説 A に反する仮説として

　　仮説 B：この硬貨は表と裏が確率 $\dfrac{1}{2}$ ずつで出る

を考えることにした。

花子さんは表と裏が確率 $\dfrac{1}{2}$ ずつで出ることが確かめられている別の硬貨 14 枚を投げる実験をすでに 1000 回行っていて，表が出た枚数ごとの回数は次の表のようになった。

花子さんの実験結果

表の枚数	1	2	3	4	5	6	7	8	9	10	11	12	13	計
回数	1	5	24	62	122	181	214	178	120	61	26	5	1	1000

花子さんの実験結果を用いると，仮説 B が成り立つと仮定したとき E が起こる確率は $\dfrac{\boxed{テ}}{\boxed{トナニ}}$ である。

確率 5% 未満の事象は「ほとんど起こり得ない」と見なすことにする。このとき，仮説 B は $\boxed{ヌ}$。仮説 A は $\boxed{ネ}$。

$\boxed{ヌ}$，$\boxed{ネ}$ の解答群(同じものを繰り返し選んでもよい。)

⓪　成り立つと判断できる

①　成り立たないと判断できる

②　成り立つとも成り立たないとも判断できない

第3問 (配点 20)

△ABC において，AB＝AC＝$2\sqrt{10}$，BC＝4 とする。

辺 BC の中点を M，線分 AM を 2：1 に内分する点を D とすると

$$\text{AM} = \boxed{\ \text{ア}\ }, \quad \text{AD} = \boxed{\ \text{イ}\ }$$

である。

△DMC の外接円を C_1 とし，円 C_1 と辺 AC との交点で C とは異なる点を E とする。方べきの定理を用いると

$$\text{AE}\cdot\text{AC} = \boxed{\ \text{ウエ}\ }$$

であるから

$$\text{AE} = \frac{\boxed{\ \text{オ}\ }\sqrt{\boxed{\ \text{カキ}\ }}}{\boxed{\ \text{ク}\ }}$$

である。また，直線 ED と直線 CB との交点を F とすると

$$\text{MF} = \boxed{\ \text{ケ}\ }$$

である。

さらに，△AFC の外接円を C_2 とし，円 C_2 の中心を O とする。直線 CO と円 C_2 との交点で C とは異なる点を J とする。次の ⓐ，ⓑ，ⓒ のうち，平行な直線の組であるものは全部で $\boxed{\ \text{コ}\ }$ 個ある。

　ⓐ　直線 AM と直線 JF　　ⓑ　直線 FC と直線 JE　　ⓒ　直線 EF と直線 AJ

また

$$\text{JF} = \boxed{\ \text{サ}\ }$$

である。

（数学Ⅰ・数学A第3問は次ページに続く。）

△AFC の重心を G とする。点 G に関する次の (I), (II), (III) の正誤の組合せとして正しいものは $\boxed{シ}$ である。

(I) 点 G は直線 AB 上にある。

(II) 点 G は直線 OD 上にある。

(III) 点 G は直線 CO 上にある。

$\boxed{シ}$ の解答群

	⓪	①	②	③	④	⑤	⑥	⑦
(I)	正	正	正	正	誤	誤	誤	誤
(II)	正	正	誤	誤	正	正	誤	誤
(III)	正	誤	正	誤	正	誤	正	誤

また，直線 OD と円 C_1 との交点で D とは異なる点を K とし，直線 OD と円 C_2 との交点で D に近い方の点を L，もう一方の点を N とする。このとき

$$\mathrm{ND} : \mathrm{DK} : \mathrm{KL} = \left(\sqrt{\boxed{ス}} + \boxed{セ}\right) : 1 : \left(\sqrt{\boxed{ソ}} - \boxed{タ}\right)$$

である。

第4問 (配点 20)

　箱の中に2枚のカード A，B が入っている。この箱から1枚のカードを取り出し，そのカードに書かれた文字を確認してカードを箱に戻すという操作を繰り返す。ただし，次の(a)または(b)に該当した場合は操作を終了する。

　　　(a)　A を3回連続して取り出す。

　　　(b)　B を合計3回取り出す。

(1)　ちょうど3回の操作で終了する確率は $\dfrac{\boxed{ア}}{\boxed{イ}}$ である。

(2)　ちょうど4回の操作で終了する確率は $\dfrac{\boxed{ウ}}{\boxed{エ}}$ である。

(3)　終了するまでに行われる操作の最大回数は $\boxed{オ}$ 回である。

(数学Ⅰ・数学A第4問は次ページに続く。)

(4) 操作を終了したとき，それまでに $\boxed{\text{B}}$ を取り出した回数を X とする。

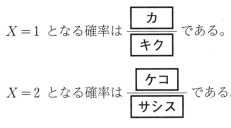

$X = 1$ となる確率は $\dfrac{\boxed{\text{カ}}}{\boxed{\text{キク}}}$ である。

$X = 2$ となる確率は $\dfrac{\boxed{\text{ケコ}}}{\boxed{\text{サシス}}}$ である。

$X = 3$ となる確率は $\dfrac{\boxed{\text{セソタ}}}{\boxed{\text{サシス}}}$ である。

X の期待値は $\dfrac{\boxed{\text{チツテト}}}{\boxed{\text{サシス}}}$ である。

(5) (a)により操作を終了したという条件のもとで，$\boxed{\text{B}}$ を一度も取り出していないという条件付き確率は $\dfrac{\boxed{\text{ナニ}}}{\boxed{\text{ヌネノ}}}$ である。

第 4 回

（70分/100点）

◆ 問題を解いたら必ず自己採点により学力チェックを行い，解答・解説，
学習対策を参考にしてください。

配点と標準解答時間

設　問	配点	標準解答時間
第1問　数と式，図形と計量	30点	21　分
第2問　2次関数， 　　　　データの分析	30点	21　分
第3問　図形の性質	20点	14　分
第4問　場合の数・確率	20点	14　分

第 1 問 (配点 30)

[1] 実数 $x,\ y$ が

$$\begin{cases} x^2 + y^2 = 8 \\ x^2 - y^2 = -2\sqrt{15} \end{cases}$$

を満たしている。ただし，$x < 0 < y$ とする。

(1) $x^2 = \boxed{\ \text{ア}\ } - \sqrt{\boxed{\ \text{イウ}\ }},\quad y^2 = \boxed{\ \text{ア}\ } + \sqrt{\boxed{\ \text{イウ}\ }}$

であるから

$$x^2 y^2 = \boxed{\ \text{エ}\ }$$

であり

$$xy = \boxed{\ \text{オカ}\ }$$

である。

さらに，$x^2 - y^2 < 0,\ x < 0 < y$ であることに注意すると

$$x + y = \boxed{\ \text{キ}\ }$$

である。

$\boxed{\ \text{キ}\ }$ の解答群

⓪ -6	① $-\sqrt{6}$	② $\sqrt{6}$	③ 6

（数学Ⅰ・数学A第1問は次ページに続く。）

(2) 等式 $(x^2 + y^2)(x + y) = x^3 + y^3 + xy(x + y)$ を用いることにより

$$x^3 + y^3 = \boxed{\text{ク}}\sqrt{\boxed{\text{ケ}}}$$

である。

(3) 太郎さんと花子さんは $x^5 - y^5$ の値の求め方について考察している。

太郎：$x^3 + y^3$ の値を求めたときと同じような等式を用いて変形するとうまく計算できるかな。

花子：$x^5 - y^5$ だから，符号に注意すればなんとかなりそうだね。

$$x^5 - y^5 = \boxed{\text{コサシ}}\sqrt{\boxed{\text{スセ}}}$$

である。

（数学 I・数学 A 第 1 問は次ページに続く。）

［2］　△ABC において，AB＝3，BC＝8，CA＝7 とし，△ABC の外接円の点 A を含まない弧 BC 上に点 D を

$$(\triangle\mathrm{ABC}\text{の面積}):(\triangle\mathrm{BCD}\text{の面積})＝3：5 \quad\cdots\cdots\cdots\cdots\cdots\cdots\cdots\text{①}$$

となるようにとる。ただし，CD＞BD とする。

(1)　$\cos\angle\mathrm{BAC}＝\dfrac{\boxed{\text{ソタ}}}{\boxed{\text{チ}}}$，　$\cos\angle\mathrm{BDC}＝\dfrac{\boxed{\text{ツ}}}{\boxed{\text{チ}}}$

　　　である。

(2)　CD＝x，BD＝y とおくと，① より

$$xy＝\boxed{\text{テト}}$$

であり，さらに △BCD に余弦定理を用いると

$$x^2＋y^2＝\boxed{\text{ナニ}}$$

である。

　　　よって

$$x＝\boxed{\text{ヌ}}，\quad y＝\boxed{\text{ネ}}$$

であり

$$\angle\mathrm{CBD}＝\boxed{\text{ノハ}}°，\quad \mathrm{AD}＝\boxed{\text{ヒ}}$$

である。

（数学Ⅰ・数学A第1問は次ページに続く。）

(3) 点 P が，両端を除く線分 AD 上を動く。△ABD，△ABP，△BDP の外接円
の半径をそれぞれ R_0，R_1，R_2 とする。

正弦定理を用いると

$$\frac{R_2}{R_1} = \frac{\boxed{\text{フ}}}{\boxed{\text{ヘ}}}$$

である。

また，$R_1 + R_2 = R_0$ が成り立つような点 P の位置は $\boxed{\text{ホ}}$。

$\boxed{\text{ホ}}$ の解答群

⓪ 存在しない		① 一つだけ存在する	
② ちょうど二つ存在する		③ 三つ以上存在する	

第2問 (配点 30)

[1] 縦 50 m，横 70 m の長方形の形をした土地 P がある。この土地を，下図のように二つの正方形の区画 A，B と二つの長方形の区画 C，D に分割する。

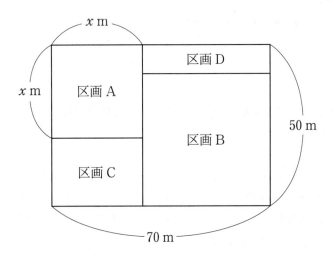

正方形の区画 A の一辺の長さを x m とするとき，正方形の区画 B の一辺の長さは $(70-x)$ m であるから，x のとり得る値の範囲は $\boxed{ア}$ である。

$\boxed{ア}$ の解答群

⓪ $10 < x < 40$	① $20 < x < 50$	② $30 < x < 60$

以下，x は $\boxed{ア}$ の範囲で変化するものとする。

区画 A と区画 B の面積の和を $f(x)$ m² とすると，$f(x)$ が最小となるのは $x = \boxed{イウ}$ のときである。

（数学 I・数学 A 第 2 問は次ページに続く。）

太郎：土地に建物を建てるときの建ぺい率って知ってる？

花子：土地の面積に対する建物の面積の割合のことだね。

太郎：そう。つまり

$$(建ぺい率) = \frac{(建物の面積)}{(土地の面積)} \times 100\ (\%)$$

となっていて

$$(建物の面積) = (土地の面積) \times \frac{(建ぺい率)}{100}$$

でもあるんだ。建物を建てるときは，建ぺい率を都市計画法で定められたある値以下にするように決まっているよ。

花子：じゃあ，土地の面積が $100\ \mathrm{m}^2$ で建ぺい率を 60% にすると

$$100 \times \frac{60}{100} = 60$$

だから，建物の面積は $60\ \mathrm{m}^2$ ということになるね。

以下，$(建ぺい率) = \dfrac{(建物の面積)}{(土地の面積)} \times 100\ (\%)$ とする。

区画 A には建ぺい率 80% の建物，区画 B には建ぺい率 60% の建物を建てることにする。区画 A と区画 B に建てた建物の面積の和を $g(x)\ \mathrm{m}^2$ とすると $g(x) = \boxed{\ \text{エ}\ }$ であるから，$g(x)$ が最小となるのは $x = \boxed{\ \text{オカ}\ }$ のときである。

$\boxed{\ \text{エ}\ }$ の解答群

⓪ $\dfrac{8}{5}x^2 - 112x + 3920$ 　　　① $\dfrac{7}{5}x^2 - 84x + 2940$

② $160x^2 - 11200x + 392000$ 　　　③ $140x^2 - 8400x + 294000$

（数学 I・数学 A 第 2 問は次ページに続く。）

土地 P の面積を $S\,\mathrm{m}^2$ とし，S に対する $g(x)$ の割合 $\left(\dfrac{g(x)}{S}\times 100\right)$ ％のとり得る値の範囲は

$$\boxed{\text{キク}} \leqq \frac{g(x)}{S}\times 100 < \boxed{\text{ケコ}}$$

である。

また，$\dfrac{g(x)}{S}\times 100 < 52$ のとき，区画 A と区画 B の面積の比較の記述として，次の⓪〜②のうち，正しいものは $\boxed{\ \text{サ}\ }$ である。

$\boxed{\ \text{サ}\ }$ の解答群

⓪　区画 A の面積は，区画 B の面積よりつねに大きい。

①　区画 A の面積は，区画 B の面積よりつねに小さい。

②　区画 A の面積は，区画 B の面積より大きいこともあれば，小さいこともある。

（数学 I・数学 A 第 2 問は次ページに続く。）

区画 A の建ぺい率と区画 B の建ぺい率をともに k ％（$30 \leqq k \leqq 80$）に変更したとき，区画 A と区画 B に建てた建物の面積の和を $h(x)\,\mathrm{m}^2$ とする。ただし，x は $\boxed{\ \ ア\ \ }$ の範囲で変化する。

このとき，$g(x)$ が最小となる x の値と $h(x)$ が最小となる x の値の比較の記述として，次の⓪～③のうち，正しいものは $\boxed{\ \ シ\ \ }$ である。

$\boxed{\ \ シ\ \ }$ の解答群

⓪　$g(x)$ が最小となる x の値と $h(x)$ が最小となる x の値は，つねに等しい。

①　$g(x)$ が最小となる x の値は，$h(x)$ が最小となる x の値よりつねに大きい。

②　$g(x)$ が最小となる x の値は，$h(x)$ が最小となる x の値よりつねに小さい。

③　$g(x)$ が最小となる x の値は，$h(x)$ が最小となる x の値より大きいこともあれば，小さいこともある。

また，$g(x)$ の最小値と $h(x)$ の最小値の比較の記述として，次の⓪～③のうち，正しいものは $\boxed{\ \ ス\ \ }$ である。

$\boxed{\ \ ス\ \ }$ の解答群

⓪　$g(x)$ の最小値と $h(x)$ の最小値は，つねに等しい。

①　$g(x)$ の最小値は，$h(x)$ の最小値よりつねに大きい。

②　$g(x)$ の最小値は，$h(x)$ の最小値よりつねに小さい。

③　$g(x)$ の最小値は，$h(x)$ の最小値より大きいこともあれば，小さいこともある。

〔2〕 気象庁では，一日の最高気温が 35℃以上の日を猛暑日，30℃以上の日を真夏日と定義している。

2018 年の 7 月と 8 月の計 62 日のそれぞれに対して，日本の 927 地点を対象として猛暑日と判定された地点数と真夏日と判定された地点数を調べた。ただし，ある地点における一日の最高気温が 35℃以上である場合，その地点は猛暑日と真夏日の両方について 1 地点分として数えられる。

次の図 1 はそれらをヒストグラムにしたものである。ただし，猛暑日の地点数のデータを A，真夏日の地点数のデータを B とする。また，ヒストグラムの各階級の区間は，左側の数値を含み，右側の数値を含まない。

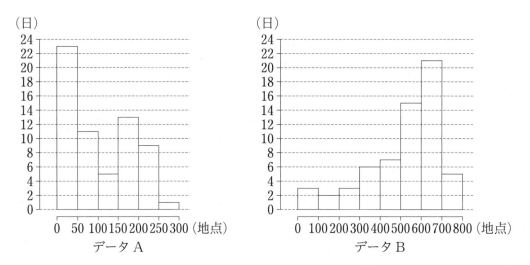

図 1　2018 年の 7 月と 8 月における猛暑日と真夏日の地点数のヒストグラム
（出典：気象庁の Web ページにより作成）

（数学 I ・数学 A 第 2 問は次ページに続く。）

⑴ データ A のヒストグラムにおいて，中央値が含まれる階級は ┃ セ ┃ である。また，データ B のヒストグラムにおいて，階級値を用いて地点数の平均値を求めると，その値は ┃ ソ ┃ である。

┃ セ ┃ の解答群

⓪ 0 以上 50 未満   ① 50 以上 100 未満

② 100 以上 150 未満   ③ 150 以上 200 未満

④ 200 以上 250 未満   ⑤ 250 以上 300 未満

┃ ソ ┃ については，最も適当なものを，次の⓪～③のうちから一つ選べ。

⓪ 468   ① 518   ② 568   ③ 618

（数学 I・数学 A 第 2 問は次ページに続く。）

(2) データ A とデータ B の相関を調べるために，図 2 の散布図を作成した。

さらに，2012 年の 7 月と 8 月の計 62 日についても同様に，927 地点を対象として猛暑日と判定された地点数と真夏日と判定された地点数を調べ，猛暑日の地点数のデータを C，真夏日の地点数のデータを D として図 3 の散布図を作成した。ただし，両散布図とも完全に重なっている点はない。

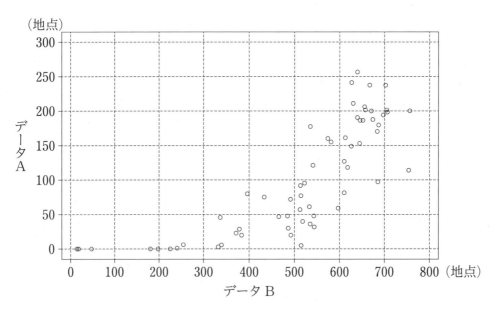

図 2　2018 年の 7 月と 8 月における真夏日と猛暑日の地点数の散布図
（出典：気象庁の Web ページにより作成）

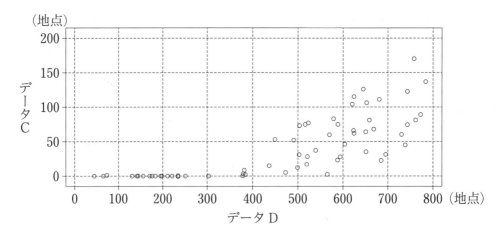

図 3　2012 年の 7 月と 8 月における真夏日と猛暑日の地点数の散布図
（出典：気象庁の Web ページにより作成）

（数学 I・数学 A 第 2 問は次ページに続く。）

(i) 次の**⓪**~**⑤**の箱ひげ図のうち，データBの箱ひげ図として最も適当なもの
は タ であり，データDの箱ひげ図として最も適当なものは チ で
ある。

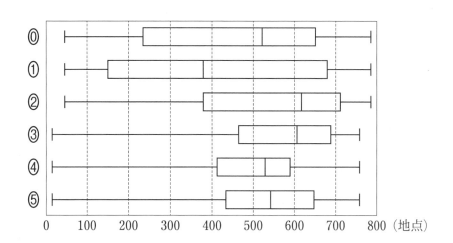

外れ値を

「(第1四分位数) − 1.5 × (四分位範囲)」以下のすべての数

「(第3四分位数) + 1.5 × (四分位範囲)」以上のすべての数

とする。

データBには外れ値が ツ 。データDには外れ値が テ 。

 ツ , テ の解答群(同じものを繰り返し選んでもよい。)

⓪ 存在する	① 存在しない

(数学Ⅰ・数学A第2問は次ページに続く。)

(ii) 図 2 と図 3 から読み取れることとして，次の ⓪ ～ ③ のうち正しいものは

$\boxed{ト}$ と $\boxed{ナ}$ である。ただし，猛暑日と真夏日はともにその年の 7 月

と 8 月のものである。

$\boxed{ト}$ ，$\boxed{ナ}$ の解答群（解答の順序は問わない。）

⓪　2012 年の真夏日が 700 地点以上である日数は，2018 年の真夏日が
700 地点以上である日数より少ない。

①　2012 年の猛暑日の地点数が最大である日の真夏日の地点数は，2018
年の猛暑日の地点数が最大である日の真夏日の地点数より多い。

②　2012 年と 2018 年のうち，真夏日の地点数が 500 を超えた日が 31 日
以上あるのは 2018 年だけである。

③　2018 年において，猛暑日の地点数が，2012 年における猛暑日の地点
数の最大値を超えた日は 10 日以上ある。

（数学 I・数学 A 第 2 問は次ページに続く。）

(iii) 図 4 は図 2 を再掲したものであり，2018 年の 7 月と 8 月における真夏日と猛暑日の地点数の散布図である。

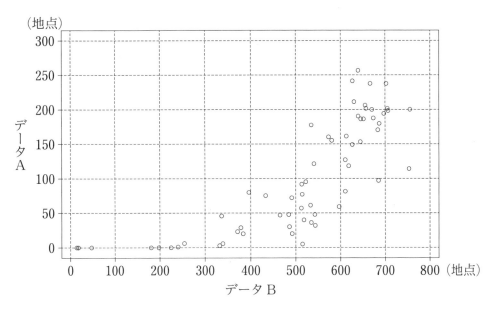

図 4　2018 年の 7 月と 8 月における真夏日と猛暑日の地点数の散布図
（出典：気象庁の Web ページにより作成）

（数学 I ・数学 A 第 2 問は次ページに続く。）

図4において，データBの値が小さい方から六つの点については，データAの値はすべて0である。以下，この六つの点が表すデータについてのみ考えるものとする。

　このとき，データAの平均値は0であり，次の五つの値

　　　　データAの偏差の総和，　　　　データBの偏差の総和

　　　　データAの標準偏差，　　　　データBの標準偏差

　　　　データAとデータBの共分散

のうち，0であるものは ニ 個である。ただし，データAとデータBの共分散は，データAの偏差とデータBの偏差の積の平均値である。

　また，データAとデータBの相関係数は ヌ 。

ヌ の解答群

⓪　0である

①　1である

②　−1 である

③　求めることができない

（数学Ⅰ・数学A第2問は次ページに続く。）

〔3〕　以下ではジャンケンとは

　　　　・2人で対戦する

　　　　・勝敗が決まるまで行う

として考える。

　太郎さんが友人一人ずつとジャンケンをしたところ，12人とジャンケンをして
3勝9敗であった。

　そこで太郎さんは

　　　　仮説A：太郎はジャンケンが弱い

という仮説を立てた。

　12人とジャンケンをして3勝の場合「ジャンケンが弱い」と判断できるのであれ
ば，2勝以下の場合も「ジャンケンが弱い」と判断できるから，この場合は

　　　　事象E：12回ジャンケンをして3勝以下である

が起きたと見なすことにする。仮説Aに反する仮説として

　　　　仮説B：太郎が1回のジャンケンで勝つ確率は$\dfrac{1}{2}$である

を考えることにした。

（数学I・数学A第2問は次ページに続く。）

花子さんは表と裏が確率 $\frac{1}{2}$ ずつで出ることが確かめられている硬貨12枚を投げる実験をすでに1000回行っていて，表が出た枚数ごとの回数は次の表のようになった。

花子さんの実験結果

表の枚数	0	1	2	3	4	5	6	7	8	9	10	11	12	計
回数	1	2	10	55	123	197	231	195	120	48	13	4	1	1000

花子さんの実験結果を用いると，仮説 B が成り立つと仮定したとき E が起こる

確率は $\dfrac{\boxed{ネノ}}{\boxed{ハヒフ}}$ である。

確率5%未満の事象は「ほとんど起こり得ない」と見なすことにする。このとき，仮説 B は $\boxed{ヘ}$ 。仮説 A は $\boxed{ホ}$ 。

$\boxed{ヘ}$ ，$\boxed{ホ}$ の解答群（同じものを繰り返し選んでもよい。）

⓪ 成り立つと判断できる

① 成り立たないと判断できる

② 成り立つとも成り立たないとも判断できない

第3問 （配点 20）

平面上にすべての内角の大きさが 120° 未満の △ABC があり，その内部に点 P をとる。このとき，三つの線分の長さの和 AP＋BP＋CP が最小になる場合について考える。

┌─ 構想 ─────────────────────────
点 A を中心として，点 B と点 P を時計回りに 60° だけ回転した点を用いることにより，2 線分 AP，BP を別の線分に置き換えて考える。
└──────────────────────────────

△ABC を含む平面上において，点 A を中心として 2 点 B，P を時計回りに 60° だけ回転した点をそれぞれ B′，P′ とする。

(1) 点 P の位置に関係なく

$$AP = AP′ = \boxed{ア}, \quad BP = \boxed{イ}$$

が成り立つから，AP＋BP＋CP の最小値は線分

$\boxed{ウ}$ の長さと等しいことがわかる。

また，AP＋BP＋CP が最小になるとき

$$\angle APB = \boxed{エオカ}°$$

である。

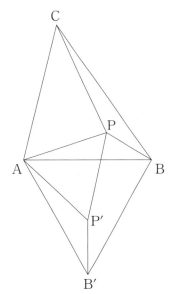

$\boxed{ア}$ ～ $\boxed{ウ}$ の解答群（同じものを繰り返し選んでもよい。）

⓪ CA	① PC	② BP′	③ CP′
④ PP′	⑤ AB′	⑥ CB′	⑦ B′P′

（数学Ⅰ・数学A第3問は次ページに続く。）

(2) AB $=2$, BC $=\sqrt{3}$, CA $=1$ とする。

このとき

$$\angle CBB' = \boxed{キク}^{\circ}$$

であり，三つの線分の長さの和 AP＋BP＋CP の最小値は $\sqrt{\boxed{ケ}}$ である。

AP＋BP＋CP が最小になるときの点 P を Q とし，△AB'B の外接円の中心を O とする。

$$\angle OAC = \boxed{コサ}^{\circ}$$

であり

$$CQ = \frac{\sqrt{\boxed{シ}}}{\boxed{ス}}$$

である。

さらに，直線 AQ と辺 BC の交点を D とすると

$$\frac{CD}{BD} = \frac{\boxed{セ}}{\boxed{ソ}}$$

である。

第４問 (配点 20)

下の図は，ある町の街路図の一部である。

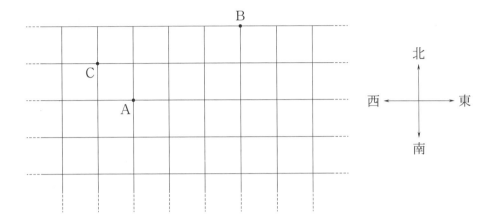

ある人が，点Ａから出発し，１回の移動で一つ隣の点に移動することを繰り返す。ただし，一度通った道を二度以上通ったり，直前に通った道を引き返したりしてもよいとする。

⑴　点Ａを出発し，５回の移動後に点Ｂにいる移動の仕方について考える。この場合，北方向への移動を２回，東方向への移動を３回行うので，このような移動の仕方は　アイ　通りである。

(数学Ⅰ・数学Ａ第４問は次ページに続く。)

(2) 点Aを出発し，7回の移動後に点Bにいる移動の仕方について考える。

点Cを通るような移動の仕方は ウエ 通りである。

太郎：点Aから点Bまで最短で移動しようとすると，北方向への移動が2回，東方向への移動が3回必要だから，2回だけ余分に移動しないといけないね。

花子：「北方向への移動を2回，西方向への移動を1回，東方向への移動を4回行う場合」と，「北方向への移動を3回，南方向への移動を1回，東方向への移動を3回行う場合」があるね。それぞれの場合において，何回目にどの方向へ移動するかを考えればよさそうだよ。

太郎：ちょっと待って！この街路の形に注意すると，北方向への移動を3回行うためには，3回目の北方向への移動までに1回は南方向への移動をしておかないといけないよ。

北方向への移動を2回，西方向への移動を1回，東方向への移動を4回行うような移動の仕方は オカキ 通りである。また，北方向への移動を3回，南方向への移動を1回，東方向への移動を3回行うような移動の仕方は クケコ 通りである。

（数学Ⅰ・数学A第4問は次ページに続く。）

下の図は，95 ページの街路図にいくつかの修正を加えて再掲したものである。

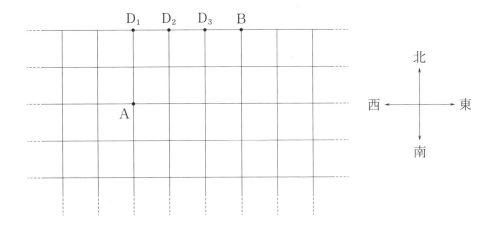

ある人が，点 A から出発し，次の規則に従って隣の点に移動することを繰り返す。

- 東，西，南，北 の 4 枚のカードから無作為に 1 枚を引き，引いたカードに書かれていた文字に応じて上図の東，西，南，北の矢印の方向の隣の点に移動する。ただし，一度通った道を二度以上通ったり，直前に通った道を引き返したりしてもよいとする。

- 引いたカードに書かれていた文字の方向に道がない場合は，その点にとどまる。その点にとどまることを **Stay** と表す。

- 引いたカードに応じて隣の点に移動する，または，その点にとどまることを 1 回の試行とし，この試行を繰り返す。

（数学 I・数学 A 第 4 問は次ページに続く。）

(3) 点 A を出発し，4回の試行を行うとする。

Stay が 2 回起こる確率は $\dfrac{\boxed{\text{サ}}}{\boxed{\text{シスセ}}}$ である。

$\boxed{北}$ を 3 回，$\boxed{南}$ を 1 回引き，**Stay** が 1 回起こる確率は $\dfrac{\boxed{\text{ソ}}}{\boxed{\text{シスセ}}}$ である。

Stay が起こる回数の期待値は $\dfrac{\boxed{\text{タチ}}}{\boxed{\text{シスセ}}}$ である。

(4) 点 A を出発し，5回の試行後に点 B にいる確率は $\dfrac{\boxed{\text{ツ}}}{2^{\boxed{\text{テ}}}}$ である。

（数学 **I**・数学 **A** 第 4 問は次ページに続く。）

(5) 点Aを出発し，7回の試行後に，7回のうちちょうど2回だけ**Stay**が起きて点Bにいる確率について考える。

> 花子：7回の試行のうち2回**Stay**が起こるから，残りの5回の試行で点Bまで移動するには…，北方向への移動を2回，東方向への移動を3回行うことになるね。
>
> 太郎：その場合，**Stay**が起こる可能性があるのは，図の点D_1，D_2，D_3，Bのいずれかの点にいるときになるけど，上手く考えないと重複が発生してしまいそうだね。
>
> 花子：D_1を通るとき，D_1を通らずにD_2を通るとき…，のように場合を分けて考えるとよさそうだよ。

点D_1を通り，7回のうちちょうど2回だけ**Stay**が起きて点Bにいる確率は $\dfrac{\boxed{ト}}{2^{\boxed{ナニ}}}$ である。また，点D_1を通らずに点D_2を通り，7回のうちちょうど2回だけ**Stay**が起きて点Bにいる確率は $\dfrac{\boxed{ヌ}}{2^{\boxed{ネノ}}}$ である。

(6) 点Aを出発し，7回の試行後に点Bにいるとき，**Stay**が1回も起きていない条件付き確率は $\dfrac{\boxed{ハ}}{\boxed{ヒ}}$ である。

MEMO

MEMO

MEMO

MEMO

MEMO

MEMO

MEMO

MEMO

MEMO

MEMO

MEMO

MEMO

河合出版ホームページ
https://www.kawai-publishing.jp
E-mail
kp@kawaijuku.jp

表紙イラスト　阿部伸二（カレラ）
表紙デザイン　岡本 健＋

2025共通テスト総合問題集
数学Ⅰ，数学Ａ

発　行　2024年6月10日

編　者　河合塾数学科

発行者　宮本正生

発行所　**株式会社　河合出版**
　　　［東　京］〒160-0023
　　　　　　　東京都新宿区西新宿 7−15−2
　　　［名古屋］〒461-0004
　　　　　　　名古屋市東区葵 3−24−2

印刷所　協和オフセット印刷株式会社

製本所　望月製本所

ISBN978-4-7772-2809-6

第 回 数学① 解答用紙・第 1 面

解答科目欄	
数学 I ,A	数学 I
○	○

1科目だけ
マークしなさい。

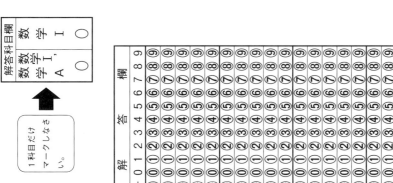

氏名(フリガナ)、クラス、出席
番号を記入しなさい。

フリガナ	
氏 名	

クラス	出席番号
	番

良い例	悪 い 例		
●	●	✗	◗
	✿	◐	

1

解	答	欄
ア	-1 0 1 2 3 4 5 6 7 8 9
イ	-1 0 1 2 3 4 5 6 7 8 9
ウ	-1 0 1 2 3 4 5 6 7 8 9
エ	-1 0 1 2 3 4 5 6 7 8 9
オ	-1 0 1 2 3 4 5 6 7 8 9
カ	-1 0 1 2 3 4 5 6 7 8 9
キ	-1 0 1 2 3 4 5 6 7 8 9
ク	-1 0 1 2 3 4 5 6 7 8 9
ケ	-1 0 1 2 3 4 5 6 7 8 9
コ	-1 0 1 2 3 4 5 6 7 8 9
サ	-1 0 1 2 3 4 5 6 7 8 9
シ	-1 0 1 2 3 4 5 6 7 8 9
ス	-1 0 1 2 3 4 5 6 7 8 9
セ	-1 0 1 2 3 4 5 6 7 8 9
ソ	-1 0 1 2 3 4 5 6 7 8 9
タ	-1 0 1 2 3 4 5 6 7 8 9
チ	-1 0 1 2 3 4 5 6 7 8 9
ツ	-1 0 1 2 3 4 5 6 7 8 9
テ	-1 0 1 2 3 4 5 6 7 8 9
ト	-1 0 1 2 3 4 5 6 7 8 9
ナ	-1 0 1 2 3 4 5 6 7 8 9
ニ	-1 0 1 2 3 4 5 6 7 8 9
ヌ	-1 0 1 2 3 4 5 6 7 8 9
ネ	-1 0 1 2 3 4 5 6 7 8 9
ノ	-1 0 1 2 3 4 5 6 7 8 9
ハ	-1 0 1 2 3 4 5 6 7 8 9
ヒ	-1 0 1 2 3 4 5 6 7 8 9
フ	-1 0 1 2 3 4 5 6 7 8 9
ヘ	-1 0 1 2 3 4 5 6 7 8 9
ホ	-1 0 1 2 3 4 5 6 7 8 9

2

解	答	欄
ア	-1 0 1 2 3 4 5 6 7 8 9
イ	-1 0 1 2 3 4 5 6 7 8 9
ウ	-1 0 1 2 3 4 5 6 7 8 9
エ	-1 0 1 2 3 4 5 6 7 8 9
オ	-1 0 1 2 3 4 5 6 7 8 9
カ	-1 0 1 2 3 4 5 6 7 8 9
キ	-1 0 1 2 3 4 5 6 7 8 9
ク	-1 0 1 2 3 4 5 6 7 8 9
ケ	-1 0 1 2 3 4 5 6 7 8 9
コ	-1 0 1 2 3 4 5 6 7 8 9
サ	-1 0 1 2 3 4 5 6 7 8 9
シ	-1 0 1 2 3 4 5 6 7 8 9
ス	-1 0 1 2 3 4 5 6 7 8 9
セ	-1 0 1 2 3 4 5 6 7 8 9
ソ	-1 0 1 2 3 4 5 6 7 8 9
タ	-1 0 1 2 3 4 5 6 7 8 9
チ	-1 0 1 2 3 4 5 6 7 8 9
ツ	-1 0 1 2 3 4 5 6 7 8 9
テ	-1 0 1 2 3 4 5 6 7 8 9
ト	-1 0 1 2 3 4 5 6 7 8 9
ナ	-1 0 1 2 3 4 5 6 7 8 9
ニ	-1 0 1 2 3 4 5 6 7 8 9
ヌ	-1 0 1 2 3 4 5 6 7 8 9
ネ	-1 0 1 2 3 4 5 6 7 8 9
ノ	-1 0 1 2 3 4 5 6 7 8 9
ハ	-1 0 1 2 3 4 5 6 7 8 9
ヒ	-1 0 1 2 3 4 5 6 7 8 9
フ	-1 0 1 2 3 4 5 6 7 8 9
ヘ	-1 0 1 2 3 4 5 6 7 8 9
ホ	-1 0 1 2 3 4 5 6 7 8 9

3

解	答	欄
ア	-1 0 1 2 3 4 5 6 7 8 9
イ	-1 0 1 2 3 4 5 6 7 8 9
ウ	-1 0 1 2 3 4 5 6 7 8 9
エ	-1 0 1 2 3 4 5 6 7 8 9
オ	-1 0 1 2 3 4 5 6 7 8 9
カ	-1 0 1 2 3 4 5 6 7 8 9
キ	-1 0 1 2 3 4 5 6 7 8 9
ク	-1 0 1 2 3 4 5 6 7 8 9
ケ	-1 0 1 2 3 4 5 6 7 8 9
コ	-1 0 1 2 3 4 5 6 7 8 9
サ	-1 0 1 2 3 4 5 6 7 8 9
シ	-1 0 1 2 3 4 5 6 7 8 9
ス	-1 0 1 2 3 4 5 6 7 8 9
セ	-1 0 1 2 3 4 5 6 7 8 9
ソ	-1 0 1 2 3 4 5 6 7 8 9
タ	-1 0 1 2 3 4 5 6 7 8 9
チ	-1 0 1 2 3 4 5 6 7 8 9
ツ	-1 0 1 2 3 4 5 6 7 8 9
テ	-1 0 1 2 3 4 5 6 7 8 9
ト	-1 0 1 2 3 4 5 6 7 8 9
ナ	-1 0 1 2 3 4 5 6 7 8 9
ニ	-1 0 1 2 3 4 5 6 7 8 9
ヌ	-1 0 1 2 3 4 5 6 7 8 9
ネ	-1 0 1 2 3 4 5 6 7 8 9
ノ	-1 0 1 2 3 4 5 6 7 8 9
ハ	-1 0 1 2 3 4 5 6 7 8 9
ヒ	-1 0 1 2 3 4 5 6 7 8 9
フ	-1 0 1 2 3 4 5 6 7 8 9
ヘ	-1 0 1 2 3 4 5 6 7 8 9
ホ	-1 0 1 2 3 4 5 6 7 8 9

注意事項
問題番号 1 2 3 の解答欄は、この用紙の第 1 面にあります。

4

解	解 答 欄
	− 0 1 2 3 4 5 6 7 8 9
ア	⓪①②③④⑤⑥⑦⑧⑨
イ	⓪①②③④⑤⑥⑦⑧⑨
ウ	⓪①②③④⑤⑥⑦⑧⑨
エ	⓪①②③④⑤⑥⑦⑧⑨
オ	⓪①②③④⑤⑥⑦⑧⑨
カ	⓪①②③④⑤⑥⑦⑧⑨
キ	⓪①②③④⑤⑥⑦⑧⑨
ク	⓪①②③④⑤⑥⑦⑧⑨
ケ	⓪①②③④⑤⑥⑦⑧⑨
コ	⓪①②③④⑤⑥⑦⑧⑨
サ	⓪①②③④⑤⑥⑦⑧⑨
シ	⓪①②③④⑤⑥⑦⑧⑨
ス	⓪①②③④⑤⑥⑦⑧⑨
セ	⓪①②③④⑤⑥⑦⑧⑨
ソ	⓪①②③④⑤⑥⑦⑧⑨
タ	⓪①②③④⑤⑥⑦⑧⑨
チ	⓪①②③④⑤⑥⑦⑧⑨
ツ	⓪①②③④⑤⑥⑦⑧⑨
テ	⓪①②③④⑤⑥⑦⑧⑨
ト	⓪①②③④⑤⑥⑦⑧⑨
ナ	⓪①②③④⑤⑥⑦⑧⑨
ニ	⓪①②③④⑤⑥⑦⑧⑨
ヌ	⓪①②③④⑤⑥⑦⑧⑨
ネ	⓪①②③④⑤⑥⑦⑧⑨
ノ	⓪①②③④⑤⑥⑦⑧⑨
ハ	⓪①②③④⑤⑥⑦⑧⑨
ヒ	⓪①②③④⑤⑥⑦⑧⑨
フ	⓪①②③④⑤⑥⑦⑧⑨
ヘ	⓪①②③④⑤⑥⑦⑧⑨
ホ	⓪①②③④⑤⑥⑦⑧⑨

第 回 数学① 解答用紙・第1面

注意事項

1 解答科目欄が無マークまたは複数マークの場合は、0点となります。
2 問題番号 ④ の解答欄は、この用紙の第2面にあります。
3 訂正は、消しゴムできれいに消し、消しくずを残してはいけません。
4 所定欄以外にはマークしたり、記入したりしてはいけません。

解答科目欄

数学Ｉ，数学Ａ	数学Ｉ
○	○

1科目だけマークしなさい。

氏名（フリガナ）、クラス、出席番号を記入しなさい。

フリガナ

氏名

クラス	出席番号	番

良い例	悪い例

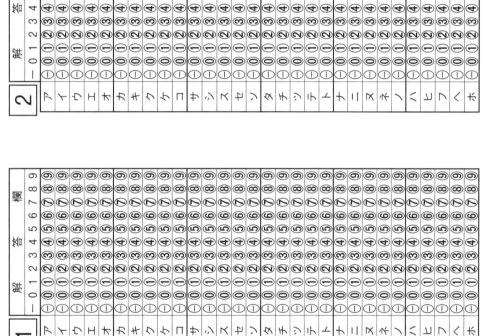

注意事項
問題番号 1 2 3 の解答欄は、この用紙の第 1 面にあります。

4	解	答	欄
ア	⓪①②③④⑤⑥⑦⑧⑨		
イ	⓪①②③④⑤⑥⑦⑧⑨		
ウ	⓪①②③④⑤⑥⑦⑧⑨		
エ	⓪①②③④⑤⑥⑦⑧⑨		
オ	⓪①②③④⑤⑥⑦⑧⑨		
カ	⓪①②③④⑤⑥⑦⑧⑨		
キ	⓪①②③④⑤⑥⑦⑧⑨		
ク	⓪①②③④⑤⑥⑦⑧⑨		
ケ	⓪①②③④⑤⑥⑦⑧⑨		
コ	⓪①②③④⑤⑥⑦⑧⑨		
サ	⓪①②③④⑤⑥⑦⑧⑨		
シ	⓪①②③④⑤⑥⑦⑧⑨		
ス	⓪①②③④⑤⑥⑦⑧⑨		
セ	⓪①②③④⑤⑥⑦⑧⑨		
ソ	⓪①②③④⑤⑥⑦⑧⑨		
タ	⓪①②③④⑤⑥⑦⑧⑨		
チ	⓪①②③④⑤⑥⑦⑧⑨		
ツ	⓪①②③④⑤⑥⑦⑧⑨		
テ	⓪①②③④⑤⑥⑦⑧⑨		
ト	⓪①②③④⑤⑥⑦⑧⑨		
ナ	⓪①②③④⑤⑥⑦⑧⑨		
ニ	⓪①②③④⑤⑥⑦⑧⑨		
ヌ	⓪①②③④⑤⑥⑦⑧⑨		
ネ	⓪①②③④⑤⑥⑦⑧⑨		
ノ	⓪①②③④⑤⑥⑦⑧⑨		
ハ	⓪①②③④⑤⑥⑦⑧⑨		
ヒ	⓪①②③④⑤⑥⑦⑧⑨		
フ	⓪①②③④⑤⑥⑦⑧⑨		
ヘ	⓪①②③④⑤⑥⑦⑧⑨		
ホ	⓪①②③④⑤⑥⑦⑧⑨		

第 回 数学① 解答用紙・第1面

注意事項

1 解答科目欄が無または複数マークの場合は、0点となります。
2 問題番号 4 の解答欄は、この用紙の第2面にあります。
3 訂正は、消しゴムできれいに消し、消しくずを残してはいけません。
4 所定欄以外にはマークしたり、記入したりしてはいけません。

1科目だけマークしなさい。

解答科目欄	
数学Ⅰ,数学A	数学Ⅰ
○	○

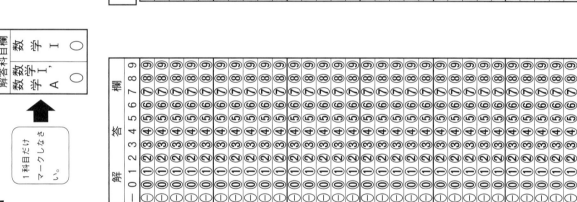

1

解	答	欄
	−0 1 2 3 4 5 6 7 8 9	
ア		
イ		
ウ		
エ		
オ		
カ		
キ		
ク		
ケ		
コ		
サ		
シ		
ス		
セ		
ソ		
タ		
チ		
ツ		
テ		
ト		
ナ		
ニ		
ヌ		
ネ		
ノ		
ハ		
ヒ		
フ		
ヘ		
ホ		

2

解	答	欄
	−0 1 2 3 4 5 6 7 8 9	
ア		
イ		
ウ		
エ		
オ		
カ		
キ		
ク		
ケ		
コ		
サ		
シ		
ス		
セ		
ソ		
タ		
チ		
ツ		
テ		
ト		
ナ		
ニ		
ヌ		
ネ		
ノ		
ハ		
ヒ		
フ		
ヘ		
ホ		

3

解	答	欄
	−0 1 2 3 4 5 6 7 8 9	
ア		
イ		
ウ		
エ		
オ		
カ		
キ		
ク		
ケ		
コ		
サ		
シ		
ス		
セ		
ソ		
タ		
チ		
ツ		
テ		
ト		
ナ		
ニ		
ヌ		
ネ		
ノ		
ハ		
ヒ		
フ		
ヘ		
ホ		

	良い例	悪 い 例

氏名（フリガナ）、クラス、出席番号を記入しなさい。

フリガナ

氏 名

クラス

出席番号 番

4

解答欄	−	0	1	2	3	4	5	6	7	8	9
ア	①	⓪	①	②	③	④	⑤	⑥	⑦	⑧	⑨
イ	①	⓪	①	②	③	④	⑤	⑥	⑦	⑧	⑨
ウ	①	⓪	①	②	③	④	⑤	⑥	⑦	⑧	⑨
エ	①	⓪	①	②	③	④	⑤	⑥	⑦	⑧	⑨
オ	①	⓪	①	②	③	④	⑤	⑥	⑦	⑧	⑨
カ	①	⓪	①	②	③	④	⑤	⑥	⑦	⑧	⑨
キ	①	⓪	①	②	③	④	⑤	⑥	⑦	⑧	⑨
ク	①	⓪	①	②	③	④	⑤	⑥	⑦	⑧	⑨
ケ	①	⓪	①	②	③	④	⑤	⑥	⑦	⑧	⑨
コ	①	⓪	①	②	③	④	⑤	⑥	⑦	⑧	⑨
サ	①	⓪	①	②	③	④	⑤	⑥	⑦	⑧	⑨
シ	①	⓪	①	②	③	④	⑤	⑥	⑦	⑧	⑨
ス	①	⓪	①	②	③	④	⑤	⑥	⑦	⑧	⑨
セ	①	⓪	①	②	③	④	⑤	⑥	⑦	⑧	⑨
ソ	①	⓪	①	②	③	④	⑤	⑥	⑦	⑧	⑨
タ	①	⓪	①	②	③	④	⑤	⑥	⑦	⑧	⑨
チ	①	⓪	①	②	③	④	⑤	⑥	⑦	⑧	⑨
ツ	①	⓪	①	②	③	④	⑤	⑥	⑦	⑧	⑨
テ	①	⓪	①	②	③	④	⑤	⑥	⑦	⑧	⑨
ト	①	⓪	①	②	③	④	⑤	⑥	⑦	⑧	⑨
ナ	①	⓪	①	②	③	④	⑤	⑥	⑦	⑧	⑨
ニ	①	⓪	①	②	③	④	⑤	⑥	⑦	⑧	⑨
ヌ	①	⓪	①	②	③	④	⑤	⑥	⑦	⑧	⑨
ネ	①	⓪	①	②	③	④	⑤	⑥	⑦	⑧	⑨
ノ	①	⓪	①	②	③	④	⑤	⑥	⑦	⑧	⑨
ハ	①	⓪	①	②	③	④	⑤	⑥	⑦	⑧	⑨
ヒ	①	⓪	①	②	③	④	⑤	⑥	⑦	⑧	⑨
フ	①	⓪	①	②	③	④	⑤	⑥	⑦	⑧	⑨
ヘ	①	⓪	①	②	③	④	⑤	⑥	⑦	⑧	⑨
ホ	①	⓪	①	②	③	④	⑤	⑥	⑦	⑧	⑨

第　回　数学① 解答用紙・第1面

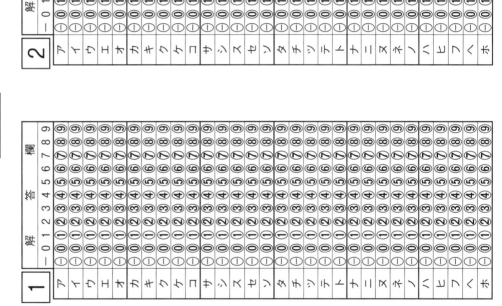

注意事項

1　解答科目欄が無くマークまたは複数マークの場合は、0点となります。

2　問題番号 ④ の解答欄は、この用紙の第2面にあります。

3　訂正は、消しゴムできれいに消し、消しくずを残してはいけません。

4　所定欄以外にはマークしたり、記入したりしてはいけません。

解答科目欄

数学	数学Ⅰ・	数学Ⅰ
A	○	○

1科目だけ
マークしなさ
い。

氏名（フリガナ）、クラス、出席
番号を記入しなさい。

フリガナ	
氏 名	

クラス	出席番号
クラス	番

	良い例	悪　い　例

注意事項
問題番号 1 2 3 の解答欄は、この用紙の第 1 面にあります。

4	解答欄
	− 0 1 2 3 4 5 6 7 8 9
ア	− 0 1 2 3 4 5 6 7 8 9
イ	− 0 1 2 3 4 5 6 7 8 9
ウ	− 0 1 2 3 4 5 6 7 8 9
エ	− 0 1 2 3 4 5 6 7 8 9
オ	− 0 1 2 3 4 5 6 7 8 9
カ	− 0 1 2 3 4 5 6 7 8 9
キ	− 0 1 2 3 4 5 6 7 8 9
ク	− 0 1 2 3 4 5 6 7 8 9
ケ	− 0 1 2 3 4 5 6 7 8 9
コ	− 0 1 2 3 4 5 6 7 8 9
サ	− 0 1 2 3 4 5 6 7 8 9
シ	− 0 1 2 3 4 5 6 7 8 9
ス	− 0 1 2 3 4 5 6 7 8 9
セ	− 0 1 2 3 4 5 6 7 8 9
ソ	− 0 1 2 3 4 5 6 7 8 9
タ	− 0 1 2 3 4 5 6 7 8 9
チ	− 0 1 2 3 4 5 6 7 8 9
ツ	− 0 1 2 3 4 5 6 7 8 9
テ	− 0 1 2 3 4 5 6 7 8 9
ト	− 0 1 2 3 4 5 6 7 8 9
ナ	− 0 1 2 3 4 5 6 7 8 9
ニ	− 0 1 2 3 4 5 6 7 8 9
ヌ	− 0 1 2 3 4 5 6 7 8 9
ネ	− 0 1 2 3 4 5 6 7 8 9
ノ	− 0 1 2 3 4 5 6 7 8 9
ハ	− 0 1 2 3 4 5 6 7 8 9
ヒ	− 0 1 2 3 4 5 6 7 8 9
フ	− 0 1 2 3 4 5 6 7 8 9
ヘ	− 0 1 2 3 4 5 6 7 8 9
ホ	− 0 1 2 3 4 5 6 7 8 9

2025共通テスト総合問題集

数学Ⅰ, 数学A

河合塾 編

解答・解説編

河合出版

第1回 解答・解説

設問別正答率

解答記号①	アーイ	ウ	エーオ	カーキ	ク	ケ	コーサ	シース	セータ	チーテ	ト
配点	2	2	2	2	2	2	3	2	3	3	3
正答率(%)	82.0	70.3	68.7	47.4	18.7	67.5	63.6	55.6	43.4	68.1	71.7

解答記号	ナ
配点	4
正答率(%)	41.4

解答記号②	ア	イ	ウーオ	カ	キ	ク	ケーサ	シーセ	ソ	タ	チ
配点	2	2	2	3	3	3	1	1	2	2	2
正答率(%)	91.3	88.5	58.0	25.4	42.9	19.4	66.6	66.5	52.4	65.1	29.1

解答記号	ツ	テ	トーナ	ニーヌ
配点	1	1	2	3
正答率(%)	79.5	66.4	57.3	31.8

解答記号③	アーイ	ウ	エ	オ	カーキ	クーケ	コーセ	ソータ	チーナ
配点	2	2	2	2	2	2	2	3	3
正答率(%)	88.6	89.5	85.1	53.8	20.6	18.0	11.3	4.0	1.4

解答記号④	アーイ	ウーエ	オーカ	キーク	ケーサ	シース	セ	ソーツ	テーナ
配点	2	2	2	2	3	2	2	2	3
正答率(%)	86.3	82.8	61.3	63.9	44.1	20.6	65.2	31.6	4.5

設問別成績一覧

設問	設問内容	配点	平均点	標準偏差
合計		100	49.7	18.0
①〔1〕	無理数の計算と値の評価，循環小数	10	5.7	2.8
〔2〕	線対称，余弦定理，面積	20	11.5	6.0
全体		30	17.3	
②〔1〕	総菜販売における総利益の最大値	15	7.4	3.6
〔2〕	外れ値，散布図，仮設検定	15	7.8	3.6
全体		30	15.2	
③	方べきの定理，メネラウスの定理	20	7.5	3.6
④	期待値，条件付き確率	20	9.7	5.5

(100点満点)

問題番号	解答記号	正　解	配点	自己採点
第1問	ア+√イ	$3+\sqrt{3}$	2	
	ウ	4	2	
	エオ	99	2	
	カキ	11	2	
	ク	1	2	
	ケ	3	2	
	$\dfrac{\sqrt{コ}}{サ}$	$\dfrac{\sqrt{3}}{2}$	3	
	シス	90	2	
	セ√ソタ	$2\sqrt{13}$	3	
	チツテ	360	3	
	ト	0	3	
	ナ	1	4	
第1問　自己採点小計		(30)		

問題番号	解答記号	正　解	配点	自己採点
第2問	ア	2	2	
	イ	1	2	
	ウエオ	200	2	
	カ	0	3	
	キ	0	3	
	ク	0	3	
	ケコサ	119	1	
	シスセ	195	1	
	ソ	2	2	
	タ	2	2	
	チ	1	2	
	ツ, テ	1, 4 (解答の順序は問わない)	2 (各1)	
	ト．ナ	4.1	2	
	ニ, ヌ	0, 0	3	
第2問　自己採点小計		(30)		

— 2 —

問題番号	解答記号	正　解	配点	自己採点
第3問	$\sqrt{アイ}$	$\sqrt{13}$	2	
	ウ	4	2	
	エ	5	2	
	オ	3	2	
	$\dfrac{カ}{キ}$	$\dfrac{4}{3}$	2	
	$\dfrac{ク}{ケ}$	$\dfrac{2}{3}$	2	
	$\dfrac{コ\sqrt{サシ}}{スセ}$	$\dfrac{9\sqrt{13}}{13}$	2	
	$\dfrac{ソ}{タ}$	$\dfrac{8}{9}$	3	
	$\dfrac{チツ}{テトナ}$	$\dfrac{12}{221}$	3	
第3問　自己採点小計			(20)	
第4問	$\dfrac{ア}{イ}$	$\dfrac{1}{3}$	2	
	ウ，エ	3，4	2	
	$\dfrac{オ}{カ}$	$\dfrac{2}{9}$	2	
	$\dfrac{キ}{ク}$	$\dfrac{4}{9}$	2	
	$\dfrac{ケコ}{サ}$	$\dfrac{28}{9}$	3	
	$\dfrac{シ}{ス}$	$\dfrac{1}{4}$	2	
	セ	3	2	
	$\dfrac{ソタ}{チツ}$	$\dfrac{16}{27}$	2	
	$\dfrac{テト}{ナ}$	$\dfrac{31}{9}$	3	
第4問　自己採点小計			(20)	
自己採点合計			(100)	

第1問　数と式，図形と計量

〔1〕

(1) $x = \dfrac{2}{\sqrt{3}}$, $y = 12$ より，

$$A = \frac{2+\sqrt{y}}{x}$$
$$= \frac{\sqrt{3}}{2}(2+\sqrt{12})$$
$$= \frac{\sqrt{3}}{2}(2+2\sqrt{3})$$
$$= \boxed{3} + \sqrt{\boxed{3}}.$$

$1 < \sqrt{3} < 2$ より，

$$3+1 < 3+\sqrt{3} < 3+2$$

すなわち

$$4 < A < 5$$

であるから，$m < A < m+1$ を満たす整数 m は $\boxed{4}$ である．

← $1^2 < 3 < 2^2$ より，
$$1 < \sqrt{3} < 2.$$

(2) $\dfrac{1}{y} = 0.\overset{..}{0}\overset{..}{1}$ より，

$$\frac{1}{y} = 0.010101\cdots,$$
$$\frac{100}{y} = 1.010101\cdots$$

であるから，

$$\frac{100}{y} - \frac{1}{y} = 1$$
$$\frac{99}{y} = 1$$
$$y = \boxed{99}.$$

$9 < \sqrt{99} < 10$ より，

$$2+9 < 2+\sqrt{99} < 2+10$$

すなわち

$$11 < 2+\sqrt{y} < 12 \qquad \cdots ①$$

であるから，$n < 2+\sqrt{y} < n+1$ を満たす整数 n は $\boxed{11}$ である．

← $9^2 < 99 < 10^2$ より，
$$9 < \sqrt{99} < 10.$$

・$A = \dfrac{2+\sqrt{y}}{5}$ について．

①より，

$$\frac{11}{5} < A < \frac{12}{5}$$

すなわち

$$2.2 < A < 2.4.$$

← $x = 5$.

— 4 —

よって，A を小数で表したときの小数第 1 位の数 a は 2 または 3 である.

← $A = 2.38\cdots$.

- $B = \dfrac{2+\sqrt{y}}{6}$ について.

①より，

$$\frac{11}{6} < B < \frac{12}{6}$$

すなわち

$$1.83\cdots < B < 2.$$

よって，B を小数で表したときの小数第 1 位の数 b は 8 または 9 である.

← $B = 1.99\cdots$.

- $C = \dfrac{2+\sqrt{y}}{7}$ について.

①より，

$$\frac{11}{7} < C < \frac{12}{7}$$

すなわち

$$1.57\cdots < C < 1.71\cdots.$$

よって，C を小数で表したときの小数第 1 位の数 c は 5 または 6 または 7 である.

← $C = 1.70\cdots$.

以上より，

$$a < c < b. \quad \boxed{0}$$

〔2〕

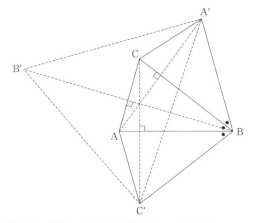

A' は直線 BC に関して点 A と対称な点であるから，

$$\begin{cases} AC = A'C, \\ AB = A'B, \\ BC は共通 \end{cases}$$

となり，$\triangle ABC \equiv \triangle A'BC$ である.

同様に，C' は直線 AB に関して点 C と対称な点であるから，$\triangle ABC \equiv \triangle ABC'$ である.

よって，

← $\begin{cases} CA = C'A, \\ CB = C'B, \\ AB は共通. \end{cases}$

$$\triangle ABC \equiv \triangle A'BC \equiv \triangle ABC'$$

であるから,

$$\angle ABC = \angle A'BC = \angle ABC'.$$

∠ABC < 60° であることを考慮して,

$$\angle A'BC' = \angle ABC + \angle A'BC + \angle ABC'$$

$$= \angle ABC \times \boxed{3}.$$

(1)

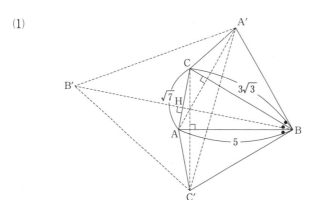

△ABC に余弦定理を用いると,

$$\cos\angle ABC = \frac{(3\sqrt{3})^2 + 5^2 - (\sqrt{7})^2}{2 \cdot 3\sqrt{3} \cdot 5}$$

$$= \frac{\sqrt{\boxed{3}}}{\boxed{2}}.$$

これより,∠ABC = 30° であるから,

$$\angle A'BC' = 30° \times 3$$

$$= \boxed{90}°$$

であり,△BA'C' に三平方の定理を用いると,

$$A'C' = \sqrt{A'B^2 + BC'^2}$$

$$= \sqrt{AB^2 + BC^2}$$

$$= \sqrt{5^2 + (3\sqrt{3})^2}$$

$$= \boxed{2}\sqrt{\boxed{13}}.$$

← ─ 余弦定理 ─────────

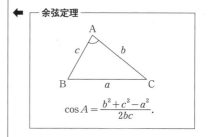

$$\cos A = \frac{b^2 + c^2 - a^2}{2bc}.$$

(2)

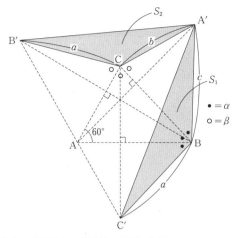

∠ABC ＋ ∠ACB ＋ ∠BAC ＝ 180° より，

$$\alpha + \beta + 60° = 180°$$

$$\alpha + \beta = 120° \qquad \cdots ①$$

であるから，

$$3\alpha + 3\beta = \boxed{360}°. \qquad \cdots ②$$

また，① より，

$$\alpha = 120° - \beta$$

であるから，$\alpha < 60°$ より，

$$120° - \beta < 60°$$

$$\beta > 60°.$$

よって，

$$\alpha < 60° < \beta$$

であるから，

$$b < c. \qquad \boxed{0}$$

次に，$0° < 3\alpha < 180°$，$0° < 360° - 3\beta < 180°$ であり，

$$S_1 = \frac{1}{2}\text{BA}' \cdot \text{BC}' \sin 3\alpha$$

$$= \frac{1}{2}\text{BA} \cdot \text{BC} \sin 3\alpha$$

$$= \frac{1}{2}ac \sin 3\alpha,$$

$$S_2 = \frac{1}{2}\text{CA}' \cdot \text{CB}' \sin(360° - 3\beta)$$

$$= \frac{1}{2}\text{CA} \cdot \text{CB} \sin(360° - 3\beta)$$

$$= \frac{1}{2}ab \sin 3\alpha \quad (② より)$$

であるから，S_1 と S_2 の大小関係は，c と b の大小関係と一致する．

a，b，c が ∠BAC ＝ 60°，∠ABC ＜ 60° を満たしながら変化

← △ABC の内角の和は 180°.

← 三角形の 2 辺の大小関係は，その向かい合う角の大小関係と一致する．

← ┌ 三角形の面積 ─────

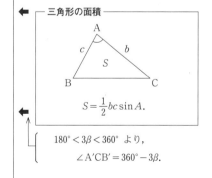

$$S = \frac{1}{2}bc \sin A.$$

$180° < 3\beta < 360°$ より，
∠A′CB′ ＝ 360° － 3β.

← S_1，S_2 を表す式において，$\frac{1}{2}a \sin 3\alpha$ は共通である．

するとき，つねに $b < c$ であるから，S_1 と S_2 の大小関係につい
ては，つねに $S_1 > S_2$ である． $\boxed{0}$

第2問　2次関数，データの分析

〔1〕

(1) x 個の総菜 S を作り，1 個あたりの価格を $(450-x)$ 円とすると，売り上げ金額は，

$$(450-x)x = -x^2 + 450x \text{（円）} \boxed{②}$$

であり，1 個作るのにかかる費用は 50 円であるから，利益は，

$$(-x^2 + 450x) - 50x = -x^2 + 400x \text{（円）．} \boxed{①}$$

よって，

$$-x^2 + 400x = -\{(x-200)^2 - 200^2\}$$
$$= -(x-200)^2 + 40000$$

より，利益が最大となるのは，

$$x = \boxed{200} \quad (0 < x < 400 \text{ を満たす})$$

のときである．

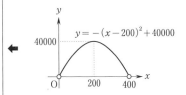

(2)(i) プラン A を採用した場合．

2 日間で $(x_1 + x_2)$ 個の総菜 S を作り，1 個あたりの価格が $(450 - x_1 - x_2)$ 円，1 個作るのにかかる費用が 50 円であるから，総利益は，

$$(450 - x_1 - x_2)(x_1 + x_2) - 50(x_1 + x_2) = \{400 - (x_1 + x_2)\}(x_1 + x_2) \text{（円）．}$$
$$\cdots ①$$

$(x_1, x_2) = (50, 100)$ のとき，

$$a = 250 \cdot 150 = 37500 \text{（円）．}$$

← ① に $x_1 = 50$，$x_2 = 100$ を代入．

$(x_1, x_2) = (75, 75)$ のとき，

$$b = 250 \cdot 150 = 37500 \text{（円）．}$$

← ① に $x_1 = 75$，$x_2 = 75$ を代入．

$(x_1, x_2) = (100, 150)$ のとき，

$$c = 150 \cdot 250 = 37500 \text{（円）．}$$

← ① に $x_1 = 100$，$x_2 = 150$ を代入．

したがって，a，b，c の大小関係は，

$$a = b = c. \quad \boxed{⓪}$$

(ii) プラン B を採用した場合．

1 日目の 1 個あたりの価格を $(450 - x_1)$ 円とすると，1 日目の利益は，

$$-(x_1 - 200)^2 + 40000 \text{（円）} \quad \cdots ②$$

← (1)の x を x_1 とすればよい．

であり，1 日目の利益が最大となるのは，

$$x_1 = 200 \quad (0 < x_1 < 400 \text{ を満たす})$$

のときである．

よって，2 日目の 1 個あたりの価格は，

$$450 - 200 - x_2 = 250 - x_2 \text{（円）}$$

であり，2 日目の利益は，

$$(250 - x_2)x_2 - 50x_2 = -x_2{}^2 + 200x_2 \text{（円）．} \boxed{⓪} \quad \cdots ③$$

(iii) プランAを採用した場合，$x_1+x_2=t$ とおくと，① より総利益は，
$$(400-t)t = -(t-200)^2+40000$$
であるから，$0<t<400$ より，
$$M_A = 40000 \ （円）.$$

← $t=200$ のとき.

プランBを採用した場合，② より1日目の利益の最大値は，
$$40000 \ 円.$$

← $x_1=200$ のとき.

また，③ は，
$$-x_2{}^2+200x_2 = -\{(x_2-100)^2-100^2\}$$
$$= -(x_2-100)^2+10000$$
となるから，$0 \leqq x_2 < 200$ より，2日目の利益の最大値は，
$$10000 \ 円.$$

← $x_1=200,\ x_2 \geqq 0,\ x_1+x_2 < 400.$

← $x_2=100$ のとき.

よって，
$$M_B = 40000+10000 = 50000 \ （円）.$$
以上より，
$$D = M_A - M_B = -10000$$
であり，
$$D < -5000 \quad \boxed{⓪}$$
が成り立つ.

〔2〕
(1) 一級河川44本の幹川流路延長の第1四分位数は，値の小さい方から11番目と12番目の平均値であるから，
$$\frac{118+120}{2} = \boxed{119}.$$

← 44個の値からなるデータにおいて，値を小さい順に，$a_1,\ a_2,\ \cdots,\ a_{44}$ とする.

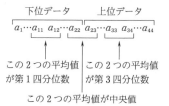

下位データ　上位データ
$a_1 \cdots a_{11}\ a_{12} \cdots a_{22}\ a_{23} \cdots a_{33}\ a_{34} \cdots a_{44}$

この2つの平均値　この2つの平均値
が第1四分位数　が第3四分位数

この2つの平均値が中央値

また，第3四分位数は，値の大きい方から11番目と12番目の平均値であるから，
$$\frac{196+194}{2} = \boxed{195}.$$
これより，四分位範囲は，
$$195-119 = 76.$$

← （四分位範囲）
＝（第3四分位数）−（第1四分位数）.

よって，
（第1四分位数）$-1.5 \times$（四分位範囲）$=119-1.5 \times 76 = 5$，
（第3四分位数）$+1.5 \times$（四分位範囲）$=195+1.5 \times 76 = 309$
であるから，
外れ値は 322, 367 の $\boxed{2}$ 個である.

次に，一級河川44本の幹川流路延長における外れ値は，値の大きい方からの2つであり，この2つを除くことから，
$$m_{44} > m'. \quad \boxed{②}$$
また，一級河川44本の幹川流路延長の外れ値を除いた42個の

← 実際に計算すると，
$$m_{44} = 162.7\cdots,$$
$$m' = 154.0\cdots.$$

— 10 —

値からなるデータにおいて，第 1 四分位数は値の小さい方から 11 番目の 118 であり，第 3 四分位数は値の大きい方から 11 番目の 194 であるから，

$$q' = 194 - 118 = 76.$$

$q_{44} = 76$ より，

$$q_{44} = q'. \quad \boxed{①}$$

外れ値を除いた 42 個の値からなるデータにおいて，値を小さい順に b_1, b_2, $\cdots$, b_{42} とする．

(2)

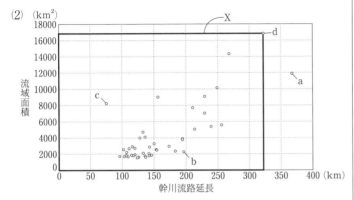

図 1 「幹川流路延長」と「流域面積」の散布図

・⓪ は正しくない．

　幹川流路延長が最大の河川は図 1 の点 a であるが，流域面積は最大ではない．

・① は正しい．

　流域面積が 6000 km² 以上の河川の数が 9 であるから，6000 km² 未満の河川の数は 35 である．

・② は正しくない．

　(1)のデータより，図 1 の点 b の幹川流路延長は 196 km であり，幹川流路延長の第 3 四分位数 195 より大きい．しかし，点 b の流域面積は 4000 km² 未満である．

・③ は正しくない．

　図 1 の点 c の幹川流路延長は，幹川流路延長の第 1 四分位数 119 より小さい．しかし，点 c の流域面積は 4000 km² 以上である．

・④ は正しい．

　幹川流路延長と流域面積の積が最大の河川は，図 1 の点 d である．

よって，(1)のデータと(2)の図 1 から読み取れることとして正しいものは $\boxed{⓪}$ と $\boxed{④}$ である．

←　幹川流路延長と流域面積の積の最大値は，図 1 の長方形 X の面積を表す．

(3)　[1]　R 川はきれいだと思う人の方が多い

と判断してよいかを考察するために，[1]の主張に反する次の仮

説を立てる.

    [2] R 川はきれいだと思うと回答する人とそう回答しない

       人の割合が等しい.

  ここで, **実験結果**を用いると, 40 枚の硬貨のうち 26 枚以上が表となった割合は,

$$2.2+0.9+0.5+0.3+0.1+0.1= \boxed{4} . \boxed{1} \ \ (\%).$$

  つまり, [2] のもとでは, 26 人以上が「きれいだと思う」と回答する割合は 4.1% であり, 5% より小さいから, 仮説 [2] は誤っていると判断される. $\boxed{0}$

  よって, 主張 [1] は正しいと判断でき, R 川はきれいだと思う人の方が多いといえる. $\boxed{0}$

第 3 問　図形の性質

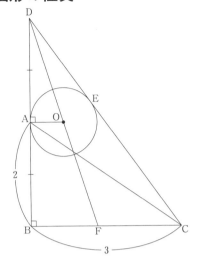

△ABC に三平方の定理を用いると，
$$AC = \sqrt{2^2 + 3^2}$$
$$= \sqrt{\boxed{13}}.$$

A は線分 BD の中点であるから，
$$BD = 2\,AB$$
$$= \boxed{4}$$

であり，△BCD に三平方の定理を用いると，
$$CD = \sqrt{3^2 + 4^2}$$
$$= \boxed{5}.$$

△ADO ≡ △EDO であり，DE = DA = 2 であるから，
$$CE = CD - DE$$
$$= 5 - 2$$
$$= \boxed{3}.$$

また，
$$\angle ADO = \angle EDO$$

であり，直線 DO は ∠BDC の二等分線であるから，
$$BF : FC = DB : DC$$
$$= 4 : 5.$$

これより，
$$BF = \frac{4}{9}BC$$
$$= \frac{4}{9}\cdot 3$$
$$= \frac{\boxed{4}}{\boxed{3}}.$$

◄ $\begin{cases} \text{DO は共通,} \\ \text{AO} = \text{EO,} \\ \angle\text{DAO} = \angle\text{DEO} = 90° \end{cases}$
であるから，
$$\triangle ADO \equiv \triangle EDO.$$

◄ ─ 角の二等分線の性質 ─

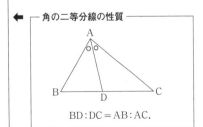

$$BD : DC = AB : AC.$$

△AOD∽△BFD より,

$$AO:BF = AD:BD$$

$$AO:\frac{4}{3} = 2:4$$

$$AO = \frac{2}{3}$$

であるから,

$$(\text{円 O の半径}) = AO$$

$$= \boxed{\dfrac{2}{3}}.$$

←
$$\begin{cases} \angle ADO = \angle BDF, \\ \angle DAO = \angle DBF = 90^\circ \end{cases}$$
であるから,
$$△AOD \backsim △BFD.$$

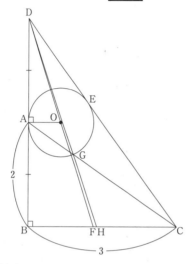

方べきの定理より,

$$CG \cdot CA = CE^2$$

$$CG \cdot \sqrt{13} = 3^2$$

$$CG = \dfrac{\boxed{9}\sqrt{\boxed{13}}}{\boxed{13}}.$$

これより,

$$CG:GA = \frac{9\sqrt{13}}{13} : \left(\sqrt{13} - \frac{9\sqrt{13}}{13}\right)$$

$$= 9:4$$

であるから, △ABC と直線 DH についてメネラウスの定理を用いると,

$$\frac{BH}{HC} \cdot \frac{CG}{GA} \cdot \frac{AD}{DB} = 1$$

$$\frac{BH}{HC} \cdot \frac{9}{4} \cdot \frac{2}{4} = 1$$

$$\frac{BH}{HC} = \boxed{\dfrac{8}{9}}. \qquad \cdots ①$$

$BF = \dfrac{4}{9}BC$ であり, ① より,

← 方べきの定理
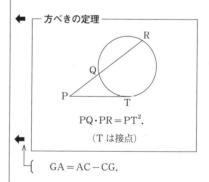
$$PQ \cdot PR = PT^2.$$
（T は接点）

$$GA = AC - CG.$$

← メネラウスの定理
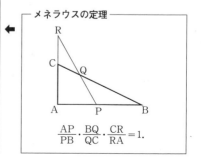
$$\frac{AP}{PB} \cdot \frac{BQ}{QC} \cdot \frac{CR}{RA} = 1.$$

$$BH = \frac{8}{17}BC$$

であるから，

$$FH = BH - BF$$
$$= \left(\frac{8}{17} - \frac{4}{9}\right)BC$$
$$= \frac{4}{153}BC$$
$$= \frac{4}{153} \cdot 3$$
$$= \frac{4}{51}.$$

← $\dfrac{4}{9} = \dfrac{68}{153}, \quad \dfrac{8}{17} = \dfrac{72}{153}.$

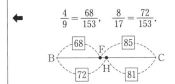

また，点 G から辺 BC に垂線 GI を下ろすと，△CGI ∽ △CAB より，

$$GI : AB = CG : CA$$
$$GI : 2 = 9 : 13$$
$$GI = \frac{18}{13}$$

← CG : GA = 9 : 4.

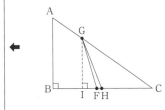

であるから，

$$(\triangle FGH \,\text{の面積}) = \frac{1}{2}FH \cdot GI$$
$$= \frac{1}{2} \cdot \frac{4}{51} \cdot \frac{18}{13}$$
$$= \boxed{\frac{12}{221}}.$$

← 次のように考えてもよい．
$$(\triangle FGH \,\text{の面積})$$
$$= \frac{CG}{CA} \cdot \frac{FH}{BC} \times (\triangle ABC \,\text{の面積})$$
$$= \frac{9}{13} \cdot \frac{4}{153} \times \frac{1}{2} \cdot 3 \cdot 2$$
$$= \frac{12}{221}.$$

第4問　場合の数・確率

さいころを1回投げるとき，

3の倍数の目が出る事象を E，

3の倍数でない目が出る事象を F

とする．

(1)　3の倍数の目は3と6であるから，

$$P(E) = \frac{2}{6} = \frac{\boxed{1}}{\boxed{3}}.$$

また，

$$P(F) = P(\overline{E}) = 1 - P(E) = \frac{2}{3}.$$

(2)　さいころを2回投げたときの球数の推移は，**規則** (a), (b) より次の図のようになる．ただし，矢印に添えた数は推移の確率を表す．

0 個　$\xrightarrow{\frac{1}{3}}$　1 個　$\xrightarrow{\ 1\ }$　2 個

$\xrightarrow{\frac{2}{3}}$　2 個　$\xrightarrow{\frac{1}{3}}$　3 個

$\xrightarrow{\frac{2}{3}}$　4 個

さいころを2回投げた後の球数のとり得る値は，小さい方から順に，

$2,\quad \boxed{3},\quad \boxed{4}$

であり，それぞれの値をとる確率は次のようになる．

(i)　球数が2となるのは，

1回目に E，　2回目に E または F

が起こるときであるから，その確率は，

$$\frac{1}{3} \cdot 1 = \frac{1}{3}.$$

(ii)　球数が3となるのは，

1回目に F，　2回目に E

が起こるときであるから，その確率は，

$$\frac{2}{3} \cdot \frac{1}{3} = \frac{2}{9}.$$

(iii)　球数が4となるのは，

1回目に F，　2回目に F

が起こるときであるから，その確率は，

$$\frac{2}{3} \cdot \frac{2}{3} = \frac{4}{9}.$$

(i), (ii), (iii) を表にまとめると次のようになる．

← 球数が1のとき，E が起こると球数は，

$$1 + 1 = 2$$

となり，F が起こると球数は，

$$1 \times 2 = 2$$

となるから，球数が1から2に推移する確率は，

$$\frac{1}{3} + \frac{2}{3} = 1.$$

球数	2	3	4
確率	$\dfrac{1}{3}$	$\dfrac{\boxed{2}}{\boxed{9}}$	$\dfrac{\boxed{4}}{\boxed{9}}$

よって，さいころを 2 回投げた後の球数の期待値は，

$$2\cdot\dfrac{1}{3}+3\cdot\dfrac{2}{9}+4\cdot\dfrac{4}{9}=\dfrac{\boxed{28}}{\boxed{9}}.$$

さいころを 2 回投げた後の球数が 4 であったとき，2 回目に起こる事象は F であるから，2 回目に出た目は 1, 2, 4, 5 のいずれかである．よって，2 回投げた後の球数が 4 であったとき，2 回目に出た目が 5 である条件付き確率は，

$$\dfrac{\boxed{1}}{\boxed{4}}.$$

(3) 終了するまでの球数の推移は次の図のようになる．ただし，矢印に添えた数は推移の確率を表す．

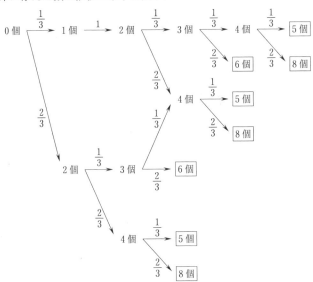

よって，N のとり得る値は，3，4，5 であるから，

$$N \text{ の最小値は} \boxed{3}$$

である．

推移図より，$N=3$ となる確率 $P(N=3)$ は，

$$P(N=3)=\dfrac{2}{3}\cdot\dfrac{1}{3}\cdot\dfrac{2}{3}+\dfrac{2}{3}\cdot\dfrac{2}{3}\cdot\dfrac{1}{3}+\dfrac{2}{3}\cdot\dfrac{2}{3}\cdot\dfrac{2}{3}$$
$$=\dfrac{\boxed{16}}{\boxed{27}}.$$

さらに，推移図より，$N=4$，$N=5$ となる確率 $P(N=4)$，

◀
┌─ 期待値 ──────────────
$$X=x_1,\ x_2,\ \cdots,\ x_n$$
となる確率がそれぞれ
$$p_1,\ p_2,\ \cdots,\ p_n$$
$$(p_1+p_2+\cdots+p_n=1)$$
のとき，X の期待値は，
$$x_1p_1+x_2p_2+\cdots+x_np_n.$$
└──────────────────

◀
次のように考えてもよい．
事象 A，B を，
　A：さいころを 2 回投げた後の球数が 4 である
　B：2 回目に出たさいころの目が 5 である
と定めると，求める条件付き確率は，
$$P_A(B)=\dfrac{P(A\cap B)}{P(A)}$$
$$=\dfrac{\dfrac{2}{3}\cdot\dfrac{1}{6}}{\dfrac{4}{9}}$$
$$=\dfrac{1}{4}.$$

◀
$N=3$ となるときの球数の推移は，
0 個 → 2 個 → 3 個 → 6 個
または
0 個 → 2 個 → 4 個 → 5 個
または
0 個 → 2 個 → 4 個 → 8 個．

$P(N=5)$ は，それぞれ

$$P(N=4)=\frac{1}{3}\cdot 1\cdot \frac{1}{3}\cdot \frac{2}{3}+\frac{1}{3}\cdot 1\cdot \frac{2}{3}\cdot \frac{1}{3}+\frac{1}{3}\cdot 1\cdot \frac{2}{3}\cdot \frac{2}{3}$$

$$+\frac{2}{3}\cdot \frac{1}{3}\cdot \frac{1}{3}\cdot \frac{1}{3}+\frac{2}{3}\cdot \frac{1}{3}\cdot \frac{1}{3}\cdot \frac{2}{3}$$

$$=\frac{10}{27},$$

$$P(N=5)=\frac{1}{3}\cdot 1\cdot \frac{1}{3}\cdot \frac{1}{3}\cdot \frac{1}{3}+\frac{1}{3}\cdot 1\cdot \frac{1}{3}\cdot \frac{1}{3}\cdot \frac{2}{3}$$

$$=\frac{1}{27}.$$

よって，N の期待値は，

$$3\cdot \frac{16}{27}+4\cdot \frac{10}{27}+5\cdot \frac{1}{27}=\boxed{\dfrac{31}{9}}.$$

← 次のように求めてもよい．

$$P(N=4)$$
$$=1-\{P(N=3)+P(N=5)\}$$
$$=1-\left(\frac{16}{27}+\frac{1}{27}\right)$$
$$=\frac{10}{27}.$$

第2回 解答・解説

（100点満点）

問題番号	解答記号	正解	配点	自己採点
第1問	ア	1	2	
	イ	2	1	
	ウ	3	2	
	エ	6	2	
	オ	4	3	
	カ	1	2	
	キ	3	2	
	クケ	84	2	
	コ	4	2	
	サ	2	2	
	シ	0	2	
	ス	6	2	
	セ	0	3	
	ソ	1	3	
第1問 自己採点小計			(30)	

問題番号	解答記号	正解	配点	自己採点
第2問	ア	3	2	
	イウエ	320	1	
	オカキ	160	2	
	ク	4	1	
	ケコサ	170	2	
	シ	3	1	
	スセ	30	2	
	ソ	0	1	
	タ	4	1	
	チツ	44	2	
	チ	2	2	
	ツ	2	1	
	テ，ト	1，4 (解答の順序は問わない)	4 (各2)	
	ナ，ニ	2，4 (解答の順序は問わない)	4 (各2)	
	ヌ	3	2	
	ネ	1	2	
第2問 自己採点小計			(30)	

問題番号	解答記号	正　解	配点	自己採点
第3問	ア	2	2	
	イ	1	2	
	ウ	3	2	
	エオ	90	2	
	カ	1	2	
	キ	0	2	
	ク	2	2	
	$\dfrac{ケコ}{サ}$	$\dfrac{26}{3}$	3	
	$\dfrac{シス(セ+ソ\sqrt{タチ})}{ツ}$	$\dfrac{13(9+5\sqrt{10})}{9}$	3	
第3問　自己採点小計		(20)		
第4問	ア	2	2	
	イウエ	720	3	
	オ，カ	1，6	2	
	キ	5	3	
	ク	5	2	
	ケ	3	2	
	コサ	14	2	
	シス	42	4	
第4問　自己採点小計		(20)		
自己採点合計		(100)		

第1問　数と式，図形と計量

[1]

(1) $x^2+\dfrac{1}{x^2}=3$ であるから，

$$\left(x-\dfrac{1}{x}\right)^2=x^2-2x\cdot\dfrac{1}{x}+\left(\dfrac{1}{x}\right)^2$$
$$=x^2+\dfrac{1}{x^2}-2$$
$$=3-2$$
$$=\boxed{1}.$$

← $(a-b)^2=a^2-2ab+b^2.$

$-1<x<0$ より $x-\dfrac{1}{x}=\dfrac{x^2-1}{x}>0$ であるから，

$$x-\dfrac{1}{x}=1. \quad \boxed{②}$$

← $x^2-1<0$ かつ $x<0.$

さらに変形すると，

$$x^2-1=x \quad\text{すなわち}\quad x^2-x-1=0.$$

この2次方程式を解くと，

$$x=\dfrac{1\pm\sqrt{5}}{2}$$

であるから，$-1<x<0$ より，

$$x=\dfrac{1-\sqrt{5}}{2}. \quad \boxed{③}$$

← $2<\sqrt{5}<3$ より，
$$-2<1-\sqrt{5}<-1$$
すなわち
$$-1<\dfrac{1-\sqrt{5}}{2}<-\dfrac{1}{2}\ (<0).$$

(2) $x=\dfrac{1-\sqrt{5}}{2}$ より $10x=5-5\sqrt{5}<0$ であるから，

$$|10x|=-(5-5\sqrt{5})=5\sqrt{5}-5.$$

← $A<0$ のとき，$|A|=-A.$

ここで，$5\sqrt{5}=\sqrt{125}$ であり，$11^2<125<12^2$ より
$11<5\sqrt{5}<12$ であるから，

$$11-5<5\sqrt{5}-5<12-5$$
$$6<5\sqrt{5}-5<7$$

すなわち

$$6<|10x|<7.$$

よって，$m<|10x|<m+1$ を満たす整数 m は $\boxed{6}$ である.

(3) (2)より $|10x|$ の整数部分は6であるから，

$$y=|10x|-6$$
$$=(5\sqrt{5}-5)-6$$
$$=5\sqrt{5}-11.$$

← 実数 α の整数部分を m，小数部分を r とすると，
$$\alpha=m+r$$
より，
$$r=\alpha-m.$$

よって，

$$y+11=5\sqrt{5}.$$

両辺を2乗すると，

$$(y+11)^2 = (5\sqrt{5})^2$$
$$y^2 + 22y + 121 = 125$$

すなわち

$$y^2 + 22y = \boxed{4}.$$

← 次のように直接計算してもよい.

$y = 5\sqrt{5} - 11$ より,

$$y^2 = (5\sqrt{5} - 11)^2$$
$$= 125 - 110\sqrt{5} + 121$$
$$= 246 - 110\sqrt{5}$$

であるから,

$$y^2 + 22y$$
$$= 246 - 110\sqrt{5} + 22(5\sqrt{5} - 11)$$
$$= 4.$$

〔2〕

(1)

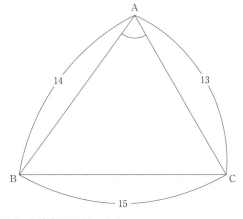

△ABC に余弦定理を用いると,

$$\cos \angle \mathrm{BAC} = \frac{13^2 + 14^2 - 15^2}{2 \cdot 13 \cdot 14}$$
$$= \frac{5}{13}. \quad \boxed{①}$$

これより,

$$\sin \angle \mathrm{BAC} = \sqrt{1 - \left(\frac{5}{13}\right)^2}$$
$$= \frac{12}{13}. \quad \boxed{③}$$

よって，△ABC の面積を S とすると,

$$S = \frac{1}{2} \cdot 13 \cdot 14 \cdot \frac{12}{13}$$
$$= \boxed{84}.$$

内接円 I の半径を r とすると,

$$S = \frac{1}{2} r (15 + 13 + 14)$$
$$= 21r$$

であるから,

$$21r = 84$$

より，

$$r = \boxed{4}.$$

― 余弦定理 ―

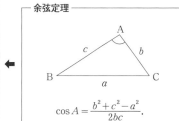

$$\cos A = \frac{b^2 + c^2 - a^2}{2bc}.$$

← $0° \leqq \theta \leqq 180°$ のとき,
$$\sin \theta = \sqrt{1 - \cos^2 \theta}.$$

― 三角形の面積 ―

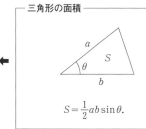

$$S = \frac{1}{2} ab \sin \theta.$$

← ― 三角形の面積と内接円の半径 ―

（△ABC の面積）$= \frac{1}{2} r(a+b+c).$

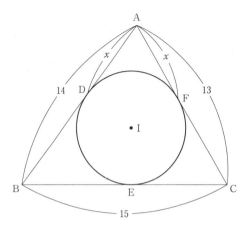

AD = x, AB = 14 より，

$$BE = BD = 14 - x \quad \boxed{②}$$

であり，AF = x, CA = 13 より，

$$CE = CF = 13 - x. \quad \boxed{⓪}$$

したがって，BE + CE = BC より，

$$(14 - x) + (13 - x) = 15$$

すなわち，

$$x = \boxed{6}.$$

(2) 太郎さんの家は △ABC の内接円の中心の位置にあるから，太郎さんの家から幹線道路までの距離は，(1)より 0.4 km である． ←

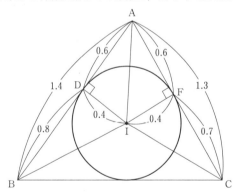

太郎さんの家を点 I とし，△ABC の内接円と辺 AB, CA との接点をそれぞれ D, F とすると，三平方の定理より，

$$AI = \sqrt{0.6^2 + 0.4^2} \text{ (km)},$$
$$BI = \sqrt{0.8^2 + 0.4^2} \text{ (km)},$$
$$CI = \sqrt{0.7^2 + 0.4^2} \text{ (km)}.$$

よって，AI < CI < BI であるから，学校，病院，駅のうち，太郎さんの家からの距離が最も短いのは学校である． $\boxed{⓪}$ ←

また，その距離 AI は，長さの単位を「m（メートル）」にすると，

(1)の △ABC は，

$$AB = 14,$$
$$BC = 15,$$
$$CA = 13$$

であり，内接円の半径は 4.

(2)の △ABC は，

$$AB = 1.4 \text{ (km)},$$
$$BC = 1.5 \text{ (km)},$$
$$CA = 1.3 \text{ (km)}$$

であるから，内接円の半径は 0.4 km となる．線分 AD, BD, CF の長さについても同様に考えればよい．

0.6 < 0.7 < 0.8 であり，0.4 は共通している．

$$AI = \sqrt{600^2 + 400^2}$$
$$= 200\sqrt{13} \ (\text{m}).$$

よって，太郎さんが自宅から学校に向かってまっすぐに歩くことができるとすると，その所要時間は，

$$\frac{200\sqrt{13}}{80} = \frac{5\sqrt{13}}{2}$$
$$= \frac{5 \times 3.6056}{2}$$
$$= 9.014$$

より，およそ 9 分である．　$\boxed{\text{①}}$

◀ $(\text{所要時間}) = \dfrac{(\text{移動距離})}{(\text{速さ})}$.

太郎さんの歩く速さは分速 80 m である．

第2問　2次関数，データの分析

〔1〕

2点 $(150, 340), (180, 280)$ を通る直線の方程式を $y = ax + b$ とおくと，

$$\begin{cases} 340 = 150a + b, \\ 280 = 180a + b \end{cases}$$

より，

$$\begin{cases} a = -2, \\ b - 640 \end{cases}$$

であるから，x と y の関係式は，

$$y = -2x + 640. \qquad \boxed{③}$$

$y \geqq 0$ とすると，

$$-2x + 640 \geqq 0$$

すなわち

$$x \leqq 320.$$

よって，$y \geqq 0$ を満たす整数 x の最大値は $\boxed{320}$ である．

また，売り上げ金額 z は，

$$\begin{aligned} z &= xy \\ &= x(-2x + 640) \\ &= -2x^2 + 640x \\ &= -2(x - 160)^2 + 51200. \end{aligned}$$

x は1以上320未満の整数値であるから，売り上げ金額が最大となるのはたい焼き1個あたりの価格を $\boxed{160}$ 円としたときであり，そのときの売り上げ金額は 51200 円である．$\boxed{④}$

次に，固定費用は 35700 円，可変費用は ky 円であるから，利益を $P(x)$ とすると，

$$\begin{aligned} P(x) &= z - (35700 + ky) \\ &= -2x^2 + 640x - 35700 - k(-2x + 640) \\ &= -2x^2 + (640 + 2k)x - 640k - 35700. \end{aligned}$$

(1) $k = 20$ とすると，

$$\begin{aligned} P(x) &= -2x^2 + 680x - 48500 \\ &= -2(x - 170)^2 + 9300. \end{aligned}$$

$150 \leqq x \leqq 200$ であるから，利益が最大となるのは，たい焼き1個あたりの価格を $\boxed{170}$ 円としたときであり，そのときの利益は 9300 円である．$\boxed{③}$

(2) 放物線 $Y = P(x)$ の軸の方程式は，

$$x = -\frac{640 + 2k}{2 \cdot (-2)} = 160 + \frac{k}{2}$$

← これは $(x, y) = (200, 240)$ も満たしている．

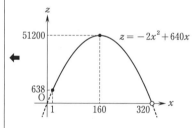

← (利益) = (売り上げ金額) - (費用)．

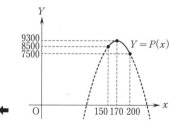

放物線 $y = ax^2 + bx + c$ の軸の方程式は，

$$x = -\frac{b}{2a}.$$

であり，$20 \leqq k \leqq 80$ より，
$$170 \leqq 160 + \frac{k}{2} \leqq 200$$
である.

$150 \leqq x \leqq 200$ における $P(x)$ の最小値 m は，次のようになる.

(i) 「$160 + \dfrac{k}{2} \leqq 175$ かつ $20 \leqq k \leqq 80$」すなわち

$20 \leqq k \leqq \boxed{30}$ のとき，

$$\begin{aligned}
m &= P(200) \\
&= -2 \cdot 200^2 + (640 + 2k) \cdot 200 - 640k - 35700 \\
&= -240k + 12300. \quad \boxed{⓪}
\end{aligned}$$

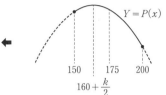

(ii) 「$160 + \dfrac{k}{2} \geqq 175$ かつ $20 \leqq k \leqq 80$」すなわち

$30 \leqq k \leqq 80$ のとき，

$$\begin{aligned}
m &= P(150) \\
&= -2 \cdot 150^2 + (640 + 2k) \cdot 150 - 640k - 35700 \\
&= -340k + 15300. \quad \boxed{④}
\end{aligned}$$

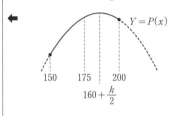

ゆえに，利益がつねに正，すなわち $m > 0$ となる条件は，(i)，(ii) より，

$$20 \leqq k \leqq 30 \quad かつ \quad -240k + 12300 > 0$$
または
$$30 \leqq k \leqq 80 \quad かつ \quad -340k + 15300 > 0.$$

整理して，
$$20 \leqq k \leqq 30 \quad または \quad 30 \leqq k < 45$$
すなわち
$$20 \leqq k < 45.$$

よって，条件を満たすような整数 k の最大値は $\boxed{44}$ である.

[2]

(1)(i) 梅雨明け日について，最小値を m，第 1 四分位数を Q_1，中央値を Q_2，第 3 四分位数を Q_3，最大値を M とする. 図 1 から 150 以上 200 未満において階級の幅を 10 で定めると度数，累積度数と m，Q_1，Q_2，Q_3，M が属する階級は次の表のようになる.

（右側の注釈）

軸 $x = 160 + \dfrac{k}{2}$ と区間 $150 \leqq x \leqq 200$ の中央 $x = 175$ の位置関係に着目する.

$20 \leqq k \leqq 30$ かつ $k < 51 + \dfrac{1}{4}$.

$30 \leqq k \leqq 80$ かつ $k < 45$.

累積度数とは，最初の階級からその階級までの度数を合計したものである.

階級	度数	累積度数	
150 以上 160 未満	1	1	m
160 以上 170 未満	11	12	
170 以上 180 未満	29	41	Q_1, Q_2, Q_3
180 以上 190 未満	7	48	
190 以上 200 未満	2	50	M

← 50 個の値からなるデータにおいて，値を小さい順に $a_1, a_2, \cdots, a_{50}$ とする.

この 2 つの平均値が中央値

表より梅雨明け日に対応する箱ひげ図は **②** である.

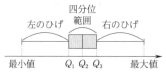

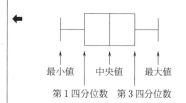

箱ひげ図において左のひげの長さは「第1四分位数 Q_1 と最小値の差」であり，右のひげの長さは「最大値と第3四分位数 Q_3 の差」であり，箱の長さは四分位範囲を表す.

外れ値がある場合は，最大値と最小値の少なくとも一方が外れ値になる. その場合の箱ひげ図は「箱の長さ」に対して「左右のひげの少なくとも一方」が 1.5 倍以上の長さになる.

⓪～③ の箱ひげ図を見ると，② の左右のひげが箱の1.5倍より長い.

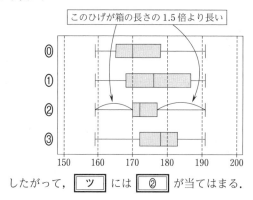

したがって， **ツ** には **②** が当てはまる.

(ii)

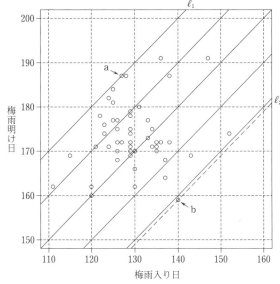

図1　梅雨入り日と梅雨明け日の散布図

・⓪は正しくない.

　　図1の直線 ℓ_1 上の a が梅雨の期間が最も長い年である.
しかし, a は梅雨明け日が最も遅い年ではない.

・①は正しい.

　　図1の点線 ℓ_2 上の b が梅雨の期間が最も短い年である.
さらに, b は梅雨明け日が最も早い年でもある.

・②は正しくない.

　　梅雨入り日の中央値はおよそ 129 であり, 梅雨明け日の中
央値はおよそ 172 である. これらの差の絶対値は 43 である
から, 50 より小さい.

・③は正しくない.

　　梅雨入り日の範囲はおよそ 41 であり, 梅雨明け日の範囲
はおよそ 32 であるから, 梅雨入り日の範囲の方が大きい.

・④は正しい.

　　梅雨入り日の四分位範囲はおよそ 10 であり, 梅雨明け日
の四分位範囲はおよそ 7 である.

　　よって, 図1から読み取れることとして正しいものは
⓪ と ④ である.

←　図1において, 横軸を x 軸, 縦軸を
y 軸とする座標平面を考える. 梅雨の
期間が k である年は, $y-x=k$ より,
直線 $y=x+k$ 上にある. ⓪ は k が
最大となる点を探し, ① は k が最小
となる点を探す.

←　(範囲)＝(最大値)－(最小値).

←　(四分位範囲)
＝(第3四分位数)－(第1四分位数).

(2)(i)

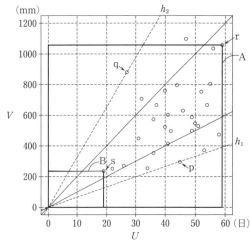

図2　U と V の散布図

・⓪は正しくない.

　　図2の点線 h_1 上の p が W の値が最小の年であるが, p は V の値が最小の年ではない.

・①は正しくない.

　　図2の点線 h_2 上の q が W の値が最大の年であるが, q は V の値が最大の年ではない.

・②は正しい.

　　図2の補助線より, W の値が10未満または20以上の年の数が8であるから, W の値が10以上20未満の年の数は22である.

・③は正しくない.

　　図2の r が U と V の積が最大の年であるが, r は V の値が最大の年ではない.

・④は正しい.

　　図2の s が U と V の積が最小の年であり, s は U の値が最小の年である.

　　よって, 図2から読み取れることとして正しいものは $\boxed{②}$ と $\boxed{④}$ である.

(ii)　U と V の相関係数が0.5であるから,

$$\frac{1195.1}{S \times 235.5} = 0.5$$

すなわち,

$$S = \frac{1195.1}{0.5 \times 235.5}$$

$$= 10.14\cdots$$

$$\fallingdotseq 10.1. \quad \boxed{③}$$

次に, U, U^2 の平均値をそれぞれ $\overline{U}$, $\overline{U^2}$ とすると,

$$S^2 = \overline{U^2} - (\overline{U})^2$$

◆　図2において, 横軸を x 軸, 縦軸を y 軸とすると, W の値は原点を通る直線の傾きを表す.

◆　U と V の積の最大値は図2の長方形Aの面積を表す.

◆　U と V の積の最小値は図2の長方形Bの面積を表す.

◆　┌─ 相関係数 ─
　　2つの変量 x, y の標準偏差をそれぞれ s_x, s_y とし, x と y の共分散を s_{xy} とするとき, x と y の相関係数 r は,

$$r = \frac{s_{xy}}{s_x s_y}.$$

◆　(分散) = (2乗の平均) − (平均の2乗).

であるから,

$$\overline{U^2} = (\overline{U})^2 + S^2$$
$$\fallingdotseq 42.4^2 + 10.1^2$$
$$= 1797.76 + 102.01$$
$$= 1899.77$$
$$\fallingdotseq 1899.8. \quad \boxed{\textcircled{1}}$$

第3問　図形の性質

(1)

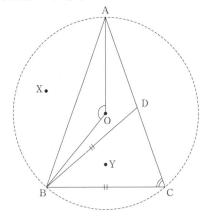

　円Oに着目すると，弧ABに対する円周角と中心角の関係より，

$$\angle AOB = 2\angle ACB. \quad \boxed{②} \qquad \cdots ①$$

　また，△ABCは AB＝AC の二等辺三角形であるから，

$$\angle ABC = \angle ACB. \qquad \cdots ②$$

　次に，円Yに着目すると，弧BDに対する円周角と中心角の関係より，

$$2\angle ACB = \angle BYD. \quad \boxed{⓪} \qquad \cdots ③$$

　また，△ABCの内角の和に着目すると，

$$\angle ABC + \angle ACB + \angle BAC = 180°$$

であり，②より，

$$2\angle ACB + \angle BAD = 180°. \qquad \cdots ④$$

　③，④より，

$$\angle BYD + \angle BAD = 180° \quad \boxed{③} \qquad \cdots ⑤$$

であるから，点Yは円Xの周上にあるとわかる.

【 $\boxed{ア}$ の他の選択肢について】

・⓪について.

$$\begin{aligned}\angle AOB &= 2\angle ACB \quad (①より)\\ &= \angle ABC + \angle ACB \quad (②より)\\ &> \angle CBD + \angle ACB\\ &= \angle ADB.\end{aligned}$$

・①について.

　3点A，O，Yはこの順に一直線上に並んでいるから，

$$\angle AOB > \angle AYB.$$

・③について.

$$\begin{aligned}\angle AOB &= 2\angle ACB \quad (①より)\\ &= 2\angle ABC \quad (②より)\\ &> 2\angle ABD.\end{aligned}$$

――円周角と中心角の関係――

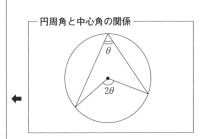

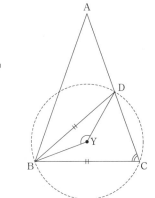

　四角形ABYDにおいて，

$\angle BYD + \angle BAD = 180°$ であるから，

4点A，B，Y，Dは同一円周上にある.

　つまり，点Yは円Xの周上にある.

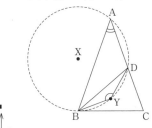

　3点A，O，Yは辺BCの垂直二等分線上にある.

（ ア の他の選択肢についての説明終り）

【 イ の他の選択肢について】

・⓪について.

$$2\angle ACB = 2\angle ABC \quad （②より）$$
$$> 2\angle CBD$$
$$= \angle CYD.$$

・② について.

$$2\angle ACB > 2\angle DCY.$$

・③ について.

$$2\angle ACB = 2\angle ABC \quad （②より）$$
$$> 2\angle CBD.$$

（ イ の他の選択肢についての説明終り）

【 ウ の他の選択肢について】

・⓪について.

$$\angle BYD + \angle ACB > \angle BYD + \angle BAD \quad （AB > BC より）$$
$$= 180°. \quad （⑤より）$$

・① について.

$$\angle BYD + \angle ABD \neq \angle BYD + \angle BAD \quad （AD \neq BD より）$$
$$= 180°. \quad （⑤より）$$

・② について.

$$\angle BYD + \angle BOD > \angle BYD + \angle BAD$$
$$= 180°. \quad （⑤より）$$

（ ウ の他の選択肢についての説明終り）

（2）

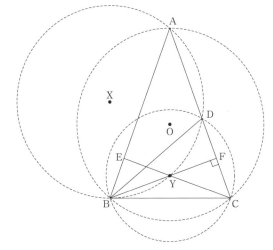

　△BCD は BC＝BD の二等辺三角形であり，Y は △BCD の外心であるから，2 点 B，Y は辺 CD の垂直二等分線上にある.

　よって,

円 Y に着目すると，弧 CD に対する円周角と中心角の関係より，

$$2\angle CBD = \angle CYD.$$

$$\angle\text{BFC} = \boxed{90}\ ^\circ.$$

さらに，△ABC は AB＝AC の二等辺三角形であるから，

$$\angle\text{EBC} = \angle\text{FCB} \quad \boxed{⓪} \qquad \cdots ⑥$$

であり，△YBC は YB＝YC の二等辺三角形であるから，

$$\angle\text{ECB} = \angle\text{FBC}. \quad \boxed{⓪} \qquad \cdots ⑦$$

⑥，⑦ と辺 BC が共通であることから，

$$\triangle\text{EBC} \equiv \triangle\text{FCB}. \quad \boxed{②}$$

よって，

$$\angle\text{CEB} = \angle\text{BFC} = 90^\circ$$

であるから，直線 CY は辺 AB と垂直に交わる．したがって，**構想**により，直線 OX と直線 CY は平行である．

【 $\boxed{\text{カ}}$ ， $\boxed{\text{キ}}$ の他の選択肢について】

・⓪，①，②について．

　円 Y に着目すると，弧 CD に対する円周角と中心角の関係より，

$$\angle\text{FYD} = \frac{1}{2}\angle\text{DYC}$$
$$= \angle\text{DBC}$$

であり，

$$\angle\text{FBC} < \angle\text{DBC} < \angle\text{EBC}$$

であるから，

$$\begin{cases} \angle\text{FBC} < \angle\text{FYD} < \angle\text{EBC}, \\ \angle\text{ECB} < \angle\text{FYD} < \angle\text{FCB}. \quad (⑥，⑦ より) \end{cases}$$

・③について．

$$\angle\text{BDE} < \angle\text{ECB} < \angle\text{FCB}$$

であるから，

$$\angle\text{BDE} < \angle\text{ECB} < \angle\text{EBC}. \quad (⑥ より)$$

（ $\boxed{\text{カ}}$ ， $\boxed{\text{キ}}$ の他の選択肢についての説明終り）

【 $\boxed{\text{ク}}$ の他の選択肢について】

・⓪，①，③について．

　△FCB は直角三角形であり，△EBC ≡ △FCB より，△EBC も直角三角形である．△BCD，△FCE，△BYC はいずれも直角三角形ではないから，△EBC と合同ではない．

（ $\boxed{\text{ク}}$ の他の選択肢についての説明終り）

点 Y は △BCD の外心であるから，
$$\text{YB} = \text{YC}.$$

△DYF ≡ △CYF より，
$$\angle\text{FYD} = \angle\text{FYC}.$$

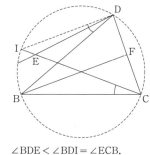

$$\angle\text{BDE} < \angle\text{BDI} = \angle\text{ECB}.$$

(3)

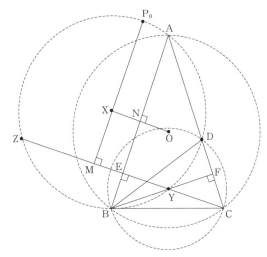

円 X において方べきの定理を用いると，
$$CY \cdot CZ = CD \cdot CA$$
$$CY(CY + YZ) = CD \cdot CA$$
$$\frac{10}{3}\left(\frac{10}{3} + YZ\right) = 4 \cdot 10$$

より，

$$YZ = \frac{\boxed{26}}{\boxed{3}}.$$

点 X から線分 YZ に垂線 XM を下ろす．△PYZ の面積が最大となるのは，辺 YZ を底辺とみたときの高さが最大となるとき，すなわち，3 点 P，X，M がこの順に一直線上に並ぶときであり，このときの P を P_0 とおく．

直線 OX と辺 AB の交点を N とおくと，

$$XM = NE$$
$$= BN - BE$$
$$= 5 - 2 = 3.$$

円 X の半径を R とおき，△XMY に三平方の定理を用いると，

$$XY = \sqrt{XM^2 + YM^2}$$

より，

$$R = \sqrt{3^2 + \left(\frac{13}{3}\right)^2} = \frac{5\sqrt{10}}{3}.$$

よって，△PYZ の面積の最大値は，

$$\frac{1}{2}YZ \cdot P_0M = \frac{1}{2}YZ(XM + R)$$
$$= \frac{1}{2} \cdot \frac{26}{3}\left(3 + \frac{5\sqrt{10}}{3}\right)$$
$$= \frac{\boxed{13}\left(\boxed{9} + \boxed{5}\sqrt{\boxed{10}}\right)}{\boxed{9}}.$$

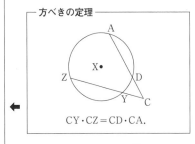

← 方べきの定理

$$CY \cdot CZ = CD \cdot CA.$$

← $CY = (円 Y の半径) = \dfrac{10}{3}.$

← OX⊥AB，CE⊥AB，XM⊥YZ より，四角形 XMEN は長方形であるから，
$$XM = NE.$$

点 N は辺 AB の中点であるから，
$$BN = \frac{1}{2}AB = \frac{1}{2} \cdot 10 = 5.$$

また，△EBC ≡ △FCB であるから，
$$BE = CF = \frac{1}{2}CD = \frac{1}{2} \cdot 4 = 2.$$

点 M は線分 YZ の中点であるから，
$$YM = \frac{1}{2}YZ = \frac{1}{2} \cdot \frac{26}{3} = \frac{13}{3}.$$

第4問　場合の数・確率

(1) $T(2)$ は全部で，

$$4! = 24 \text{ （通り）}.$$

このうち増加表であるものは，

1	3
2	4

と

1	2
3	4

であるから，全部で $\boxed{2}$ 通りである．

← $T(2)$ の総数は，1 から 4 までの整数を横一列に並べてできる順列の総数と同じである．

(2) $T(3)$ は全部で，

$$6! = \boxed{720} \text{ （通り）}.$$

このうち増加表であるものは，表 (*) において，

$$(a_1,\ b_3) = (\boxed{1},\ \boxed{6})$$

であること，および b_1 の値に注意して数えると，

1		
2		6

であるものは，

1	3	5
2	4	6

，

1	3	4
2	5	6

の 2 通り，

1		
3		6

であるものは，

1	2	5
3	4	6

，

1	2	4
3	5	6

の 2 通り，

1		
4		6

であるものは，

1	2	3
4	5	6

の 1 通り

であるから，全部で，

$$2 + 2 + 1 = \boxed{5} \text{ （通り）}.$$

← $T(3)$ の総数は，1 から 6 までの整数を横一列に並べてできる順列の総数と同じである．

← 表 (*) において，$a_1 < a_2 < a_3$ かつ $b_1 < b_2 < b_3$ かつ $a_1 < b_1$ かつ $a_2 < b_2$ かつ $a_3 < b_3$ を満たす a_1，b_3 は，

$$(a_1,\ b_3) = (1,\ 6)$$

に限られる．

← $b_1 = 2$，3，4 の場合を考える（$b_1 = 5$ の場合は増加表にならない）．

$T(2)$ のうち増加表であるものの総数と同じ 2 通りだけある．

(3) $T(4)$ のうち増加表であるものについて，

1			
2			8

であるものは $\boxed{5}$ 通り，

1			
3			8

であるものは 5 通り，

1			
4			8

であるものは $\boxed{3}$ 通り，

1			
5			8

であるものは 1 通り

であるから，$T(4)$ のうち増加表であるものは全部で，

← 左下端のマスの整数は 2，3，4，5 であり，右下端のマスの整数は 8 である．

← $T(3)$ のうち増加表であるものの総数と同じ 5 通りだけある．

← 5 通りから，増加表にならない

1	2	5	7
4	3	6	8

，

1	2	5	6
4	3	7	8

の 2 通りを除く．

←

1	2	3	4
5	6	7	8

の 1 通りである．

$$5+5+3+1=\boxed{14}\ (通り).$$

(4) $T(5)$ のうち増加表であるものについて,

であるものは 14 通り,

であるものは 14 通り,

であるものは 9 通り,

であるものは 4 通り,

であるものは 1 通り.

よって,$T(5)$ のうち増加表であるものは全部で,

$$14+14+9+4+1=\boxed{42}\ (通り).$$

← 左下端のマスの整数は 2, 3, 4, 5, 6 であり,右下端のマスの整数は 10 である.

← $T(4)$ のうち増加表であるものの総数と同じ 14 通りだけある.

← 14 通りから,増加表にならない

の 5 通りを除く.

14 通りから,増加表にならない

（5 通り）

（5 通り）

の 10 通りを除く.

の 1 通りである.

MEMO

第3回 解答・解説

（100点満点）

問題番号	解答記号	正　解	配点	自己採点
第1問	ア，イ	2, 2	2	
	ウ	0	2	
	エオ，カ，キ	−2, 0, 2	2	
	ク	2	2	
	ケ	1	2	
	コサ	72	2	
	シス	54	2	
	セ	1	3	
	ソ	2	3	
	タチ，ツ	80, 2	2	
	テ	2	2	
	ト	2	3	
	ナ	3	3	
第1問　自己採点小計			(30)	

問題番号	解答記号	正　解	配点	自己採点
第2問	アイウエ	6000	2	
	オ	2	2	
	カ	7	2	
	キク	40	2	
	ケ	1	2	
	コ	5	3	
	サシ	72	2	
	ス	3	2	
	セ，ソ	1, 2（解答の順序は問わない）	4（各2）	
	タ，チ	1, 3（解答の順序は問わない）	4（各2）	
	ツ	6	2	
	テ/トナニ	$\frac{4}{125}$	2	
	ヌ，ネ	1, 0	1	
第2問　自己採点小計			(30)	

— 40 —

問題番号	解答記号	正　解	配点	自己採点
第3問	ア	6	2	
	イ	4	2	
	ウエ	24	3	
	$\dfrac{オ\sqrt{カキ}}{ク}$	$\dfrac{6\sqrt{10}}{5}$	2	
	ケ	6	2	
	コ	2	2	
	サ	4	2	
	シ	1	2	
	ス，セ，ソ，タ	5, 1, 5, 2	3	
第3問　自己採点小計			(20)	
第4問	$\dfrac{ア}{イ}$	$\dfrac{1}{4}$	2	
	$\dfrac{ウ}{エ}$	$\dfrac{1}{4}$	2	
	オ	9	3	
	$\dfrac{カ}{キク}$	$\dfrac{7}{64}$	2	
	$\dfrac{ケコ}{サシス}$	$\dfrac{49}{512}$	3	
	セソタ	343	3	
	チツテト	1183	2	
	$\dfrac{ナニ}{ヌネノ}$	$\dfrac{64}{169}$	3	
第4問　自己採点小計			(20)	
自己採点合計			(100)	

第1問　数と式，集合と命題，図形と計量

[1]

$$x^4 - (3a-2)x^2 + 2a^2 - 4a = 0. \qquad \cdots ①$$

$t = x^2$ とおくと，① は，

$$t^2 - (3a-2)t + 2a(a-2) = 0$$

$$\left(t - \boxed{2}\,a\right)\left(t - a + \boxed{2}\right) = 0 \qquad \cdots ②$$

と変形できる.

(1) $a = 0$ のとき，② より，

$$t(t+2) = 0.$$

x が実数のとき，$t = x^2$ より，

$$t \geqq 0 \qquad \cdots ③$$

であるから，

$$t = 0$$

すなわち，

$$x^2 = 0.$$

よって，① の実数解は，

$$x = \boxed{0}.$$

(2) $a = 2$ のとき，② より，

$$(t-4)t = 0.$$

③ より，

$$t = 0,\ 4$$

すなわち，

$$x^2 = 0,\ 4.$$

よって，① の実数解は，

$$x = \boxed{-2},\ \boxed{0},\ \boxed{2}.$$

(3) ① が異なる4つの実数解をもつためには，t の2次方程式 ② が異なる2つの正の解をもてばよい.

よって，

$$2a > 0 \quad \text{かつ} \quad a-2 > 0 \quad \text{かつ} \quad 2a \neq a-2$$

すなわち，

$$a > 0 \quad \text{かつ} \quad a > 2 \quad \text{かつ} \quad a \neq -2$$

より，求める a の値の範囲は，

$$a > 2. \quad \boxed{②}$$

$\Leftarrow$　② が異なる2つの正の解 $t = \alpha,\ \beta$ をもつとき，① は異なる4つの実数解 $x = \pm\sqrt{\alpha},\ \pm\sqrt{\beta}$ をもつ.

$\Leftarrow$　② より，

$$t = 2a,\ a-2.$$

(4) $a = 1$ のとき，② より，

$$(t-2)(t+1) = 0$$

すなわち，

$$(x^2-2)(x^2+1)=0.$$

$x=\sqrt{2}$ のとき，（左辺）$=0$ となるから，① は $x=\sqrt{2}$ を解にもつ．

また，① が $x=\sqrt{2}$ を解にもつとき，② は $t=2$ を解にもつから，

$$(2-2a)(2-a+2)=0$$
$$(a-1)(a-4)=0$$
$$a=1 \text{ または } 4.$$

よって，

命題「$a=1 \implies x$ の方程式① が $\sqrt{2}$ を解にもつ」は真，

命題「x の方程式① が $\sqrt{2}$ を解にもつ $\implies a=1$」は偽

（反例は $a=4$）

であるから，「$a=1$」は，「x の方程式① が $\sqrt{2}$ を解にもつ」ための十分条件であるが，必要条件ではない．　$\boxed{①}$

← 　偽である命題「$p \implies q$」において，p
← を満たすが，q を満たさないものを反例という．

⌐　条件 p, q について，命題「$p \implies q$」
　が真であるとき，
　　　p は q であるための十分条件，
　　　q は p であるための必要条件
└であるという．

［2］
(1)

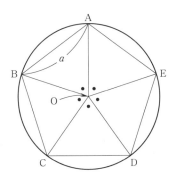

$$\angle AOB = \angle BOC = \angle COD = \angle DOE = \angle EOA$$

であるから，

$$\angle AOB \times 5 = 360°$$

より，

$$\angle AOB = \boxed{72}°.$$

また，△OAB は OA$=$OB の二等辺三角形であるから，

$$\angle OAB = \angle OBA = \frac{180° - 72°}{2}$$
$$= \boxed{54}°.$$

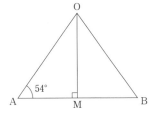

点 O から辺 AB に下ろした垂線と辺 AB との交点を M とする

と，M は辺 AB の中点である．直角三角形 OAM において，∠OAM = 54° であるから，

$$OM = AM \tan 54°$$
$$= \frac{a}{2} \tan 54° \quad \boxed{①}$$

であり，△OAB の面積を S とすると，

$$S = \frac{1}{2} AB \cdot OM$$
$$= \frac{1}{2} a \cdot \frac{a}{2} \tan 54°$$
$$= \frac{a^2}{4} \tan 54°. \quad \boxed{②}$$

したがって，正五角形 ABCDE の面積を T とすると，△OAB, △OBC, △OCD, △ODE, △OEA が合同であることから，

$$T = S \times 5 = \frac{5}{4} a^2 \tan 54°. \quad \cdots ①$$

(2) 正五角形 ABCDE の外接円の中心を O とする.

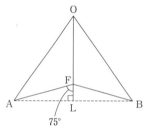

(ⅰ) 直角三角形 AFL において，FL = 40，∠AFL = 75° であるから，

$$AB = 2\,AL$$
$$= 2\,FL \tan 75°$$
$$= \boxed{80} \tan 75°. \quad \boxed{②}$$

三角比の表より，$\tan 75° = 3.7321$ であるから，

$$AB = 80 \times 3.7321$$
$$= 298.568.$$

よって，AB の長さは，

$$およそ 300 \quad \boxed{②}$$

である.

以下においては AB = 300 とする.

まず，正五角形 ABCDE の面積を T' とすると，① より，

$$T' = \frac{5}{4} \cdot 300^2 \cdot \tan 54°$$
$$= 112500 \cdot \tan 54°.$$

三角比の表より，$\tan 54° = 1.3764$ であるから，

右側:

直角三角形と三角比

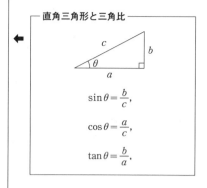

$$\sin \theta = \frac{b}{c},$$
$$\cos \theta = \frac{a}{c},$$
$$\tan \theta = \frac{b}{a}.$$

← $a = 300$ とした.

$$T' = 112500 \cdot 1.3764$$
$$= 154845.$$

また，$\triangle$FAB の面積を S' とすると，

$$S' = \frac{1}{2} \text{AB} \cdot \text{FL}$$
$$= \frac{1}{2} \cdot 300 \cdot 40$$
$$= 6000$$

であるから，星形 AFBGCHDIEJ の面積を U とすると，

$$U = T' - S' \times 5$$
$$= 154845 - 6000 \times 5$$
$$= 124845.$$

$\leftarrow$ $\triangle$FAB $\equiv \triangle$GBC $\equiv \triangle$HCD $\equiv \triangle$IDE $\equiv \triangle$JEA.

よって，星形 AFBGCHDIEJ の面積は，

およそ 125000　□②

である．

(ii)　$\cos \angle \text{AFL} = \dfrac{\text{FL}}{\text{AF}}$ より，

$$\text{AF} = \frac{\text{FL}}{\cos \angle \text{AFL}}$$
$$= \frac{40}{\cos 75°}$$

であるから，星形 AFBGCHDIEJ の周の長さを L とすると，

$$L = 10\,\text{AF}$$
$$= \frac{400}{\cos 75°}.$$

三角比の表より，$\cos 75° = 0.2588$ であるから，

$$L = \frac{400}{0.2588}$$
$$= 1545.5\cdots.$$

よって，星形 AFBGCHDIEJ の周の長さは，

およそ 1550　□③

である．

第2問　2次関数，データの分析

〔1〕

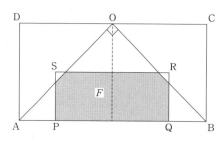

(1)

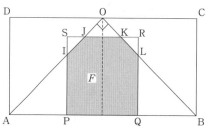

長方形 PQRS の周の長さが 320 であるから，PS = 80 のとき，

$$PQ = \frac{320 - 2 \cdot 80}{2} = 80.$$

（右注）2PQ + 2PS = 320 より，

よって，長方形 PQRS は正方形となり，AP = BQ より，

$$AP = \frac{AB - PQ}{2}$$

$$= \frac{200 - 80}{2}$$

$$= 60$$

$$< PS.$$

正方形 PQRS と辺 OA との交点を O に近い方から順に J, I とし，正方形 PQRS と辺 OB との交点を O に近い方から順に K, L とすると，

$T =$ （正方形 PQRS の面積）$-$（△IJS の面積）$-$（△LKR の面積）

$=$ （正方形 PQRS の面積）$- 2$（△IJS の面積）.　　　… ①

ここで，

（正方形 PQRS の面積）$= PS^2$

$$= 80^2$$

$$= 6400,$$

（△IJS の面積）$= \frac{1}{2} IS \cdot JS$

$$= \frac{1}{2} IS^2$$

$$= \frac{1}{2}(PS - IP)^2$$

$$= \frac{1}{2}(PS - AP)^2$$　　　… ②

$$= \frac{1}{2}(80 - 60)^2$$

右注：
- $2PQ + 2PS = 320$ より，$PQ = \dfrac{320 - 2PS}{2}$.
- 直角二等辺三角形 OAB と正方形 PQRS はともに点 O と線分 AB の中点を通る直線に関して対称であるから，（△IJS の面積）$=$（△LKR の面積）.
- △IJS は直角二等辺三角形であるから，JS = IS.
- △API は直角二等辺三角形であるから，IP = AP.

$$= 200$$

であるから，① より，

$$T = 6400 - 2 \cdot 200 = \boxed{6000}.$$

(2) 長方形 PQRS の周の長さは 320 であるから，

PS $= x$ $(0 < x < 100)$ のとき，

$$PQ = \frac{320 - 2x}{2} = -x + 160. \quad \boxed{②}$$

よって，

$$AP = \frac{200 - (-x + 160)}{2} = \frac{1}{2}x + 20. \quad \boxed{⑦}$$

AP $=$ PS のとき，$\triangle$APS は直角二等辺三角形であり，点 S は
辺 OA 上にあるから，長方形 PQRS が，直角二等辺三角形 OAB
の周および内部からなる領域に含まれるのは，

$$AP \geqq PS \quad かつ \quad 0 < x < 100$$

すなわち

$$\frac{1}{2}x + 20 \geqq x \quad かつ \quad 0 < x < 100$$

より，

$$0 < x \leqq \boxed{40}$$

のときである．

また，点 S が直角二等辺三角形 OAB の外部にあるのは，

$$AP < PS \quad かつ \quad 0 < x < 100$$

すなわち

$$\frac{1}{2}x + 20 < x \quad かつ \quad 0 < x < 100$$

より，

$$40 < x < 100$$

のときである．

(ア) $0 < x \leqq 40$ のとき．

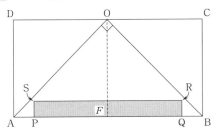

$$T = PS \cdot PQ$$
$$= x(-x + 160)$$
$$= -x^2 + 160x \quad \boxed{⓪}$$
$$= -(x - 80)^2 + 6400.$$

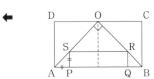

← PQ $= -x + 160$.

(イ) $40 < x < 100$ のとき.

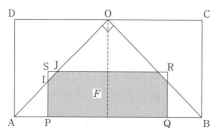

長方形 PQRS と辺 OA との交点を O に近い方から順に J, I とし，(1)と同様に考えると，

$$T = (\text{長方形 PQRS の面積}) - 2(\triangle\text{IJS の面積})$$

$$= \text{PS} \cdot \text{PQ} - 2 \cdot \frac{1}{2}(\text{PS} - \text{AP})^2 \quad (\text{②と同様})$$

$$= x(-x + 160) - 2 \cdot \frac{1}{2}\left\{x - \left(\frac{1}{2}x + 20\right)\right\}^2$$

$$= -\frac{5}{4}x^2 + 180x - 400 \quad \boxed{⑤}$$

$$= -\frac{5}{4}(x - 72)^2 + 6080.$$

← $\text{PQ} = -x + 160, \quad \text{AP} = \frac{1}{2}x + 20.$

(ア)，(イ)より，$0 < x < 100$ において T が最大となるのは，$x = \boxed{72}$ のときである.

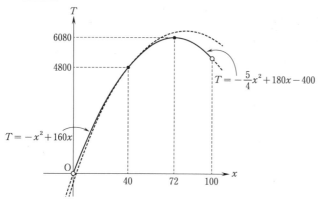

[2]

(1) 時点ごとに，映画館数の最小値を m，第1四分位数を Q_1，中央値を Q_2，第3四分位数を Q_3，最大値を M とする．図2の⓪〜⑤のヒストグラムについて，各階級ごとの度数，累積度数と m, Q_1, Q_2, Q_3, M が属する階級は以下の表のようになる.

← 47都道府県の映画館数を値の小さい方から順に，

$$a_1, \; a_2, \; \cdots, \; a_{47}$$

とすると，

$$m = a_1, \; Q_1 = a_{12}, \; Q_2 = a_{24},$$

$$Q_3 = a_{36}, \; M = a_{47}$$

である.

下位データ			上位データ		
$a_1 \cdots a_{12} \cdots a_{23}$			$a_{24}\ a_{25} \cdots a_{36} \cdots a_{47}$		
↑	↑		↑	↑	↑
m	Q_1		Q_2	Q_3	M

累積度数とは，最初の階級からその階級までの度数を合計したものである.

⓪について.

階級(館)	度数	累積度数	含まれる値
0 以上　5 未満	3	3	m
5 以上 10 未満	22	25	Q_1,　Q_2
10 以上 15 未満	13	38	Q_3
15 以上 20 未満	3	41	
20 以上 25 未満	4	45	
25 以上 30 未満	0	45	
30 以上 35 未満	1	46	
35 以上 40 未満	1	47	M
40 以上 45 未満	0	47	

①について.

階級(館)	度数	累積度数	含まれる値
0 以上　5 未満	4	4	m
5 以上 10 未満	15	19	Q_1
10 以上 15 未満	14	33	Q_2
15 以上 20 未満	9	42	Q_3
20 以上 25 未満	3	45	
25 以上 30 未満	0	45	
30 以上 35 未満	1	46	
35 以上 40 未満	1	47	M
40 以上 45 未満	0	47	

②について.

階級(館)	度数	累積度数	含まれる値
0 以上　5 未満	1	1	m
5 以上 10 未満	12	13	Q_1
10 以上 15 未満	14	27	Q_2
15 以上 20 未満	10	37	Q_3
20 以上 25 未満	7	44	
25 以上 30 未満	1	45	
30 以上 35 未満	2	47	M
35 以上 40 未満	0	47	
40 以上 45 未満	0	47	

③ について.

階級(館)	度数	累積度数	含まれる値
0 以上 5 未満	0	0	
5 以上 10 未満	5	5	m
10 以上 15 未満	15	20	Q_1
15 以上 20 未満	15	35	Q_2
20 以上 25 未満	10	45	Q_3
25 以上 30 未満	1	46	
30 以上 35 未満	1	47	M
35 以上 40 未満	0	47	
40 以上 45 未満	0	47	

④ について.

階級(館)	度数	累積度数	含まれる値
0 以上 5 未満	0	0	
5 以上 10 未満	4	4	m
10 以上 15 未満	15	19	Q_1
15 以上 20 未満	15	34	Q_2
20 以上 25 未満	11	45	Q_3
25 以上 30 未満	2	47	M
30 以上 35 未満	0	47	
35 以上 40 未満	0	47	
40 以上 45 未満	0	47	

⑤ について.

階級(館)	度数	累積度数	含まれる値
0 以上 5 未満	4	4	m
5 以上 10 未満	22	26	Q_1, Q_2
10 以上 15 未満	12	38	Q_3
15 以上 20 未満	3	41	
20 以上 25 未満	3	44	
25 以上 30 未満	1	45	
30 以上 35 未満	1	46	
35 以上 40 未満	0	46	
40 以上 45 未満	1	47	M

これらと図1の箱ひげ図より, 2000年度のヒストグラムは ③ である.

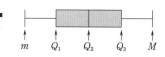

また，図1から読み取れることとして，

・⓪は正しくない.

　2015年度の映画館数の範囲は2010年度のものから減少している.

（範囲）＝（最大値）－（最小値）.

・①は正しい.

　2000年度，2005年度，2010年度，2015年度，2020年度の映画館数の第3四分位数は，それぞれおよそ20，18，16，14，12である.

・②は正しい.

　図1の箱ひげ図より，6時点すべてにおいて，映画館数の中央値は平均値より小さい．中央値はデータの値の小さい方から数えて24番目の値であるから，中央値以下の値は24個以上ある．よって，映画館数が平均値より小さい都道府県数は，6時点すべてにおいて24以上である.

・③は正しくない.

　6時点すべてにおいて，四分位範囲は10より小さいから，四分位偏差が5以上である時点は存在しない.

（四分位範囲）
＝（第3四分位数）－（第1四分位数），
（四分位偏差）
$=\dfrac{（第3四分位数）－（第1四分位数）}{2}$.

・④は正しいとはいえない.

　47都道府県全体における映画館の総数が最も多い時点がどの時点であるかは，図1からは読み取れない.

　よって，図1から読み取れることとして正しいものは ①
と ② である.

　図1の箱ひげ図からは，各時点での映画館数の平均値のおよその値が読み取れるが，（平均値）×47で求められるものは「各都道府県の100万人あたりの映画館数の総和」である．都道府県ごとの人口がわからないため，「47都道府県全体における映画館の総数」は求めることができない.

(2)

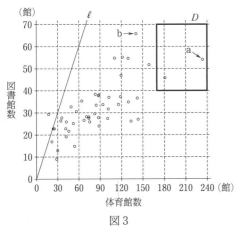

図3

・⓪は正しくない.

　体育館数が最大である都道府県は図3の点aであるが，aは図書館数が最大ではない.

・①は正しい.

・②は正しくない.

　図書館数が体育館数より多い都道府県は，図3の直線 ℓ より

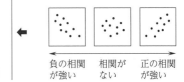

負の相関　　相関が　　正の相関
が強い　　　ない　　　が強い

も上側にある点であるが，ℓ の上側に 3 つ以上の点はない．

・③ は正しい．

　体育館数について，最大値はおよそ 235，最小値はおよそ 15 であるから，体育館数の範囲はおよそ 220 である．また，図書館数について，最大値はおよそ 66，最小値はおよそ 9 であるから，図書館数の範囲はおよそ 57 である．よって，体育館数の範囲は，図書館数の範囲の 3 倍より大きい．

← $220 > 57 \times 3 = 171.$

・④ は正しくない．

　図書館数が最大である都道府県は図 3 の点 b であり，この点は体育館数と図書館数の和が 220 より小さい．一方，図 3 の長方形 D の内部に含まれる 2 つの点は，どちらも体育館数と図書館数の和が 220 より大きい．したがって，b は体育館数と図書館数の和が 2 番目に大きくはない．

← 点 b は体育館数が 150 より小さく，図書館数が 70 より小さいから，体育館数と図書館数の和は 150 + 70（= 220）より小さい．

← 長方形 D の内部に含まれる 2 つの点は，どちらも体育館数が 180 以上で，図書館数が 40 より大きいから，体育館数と図書館数の和は 180 + 40（= 220）より大きい．

以上のことより，図 3 から読み取れることとして正しいものは ① と ③ である．

← 点 b より体育館数と図書館数の和が大きい点が少なくとも 2 つある．

(3) 表 1 より，2015 年度における体育館数と映画館数の相関係数は，

$$\frac{39.12}{45.81 \times 6.73} = 0.1268\cdots$$

$$\fallingdotseq 0.13. \quad \boxed{⑥}$$

← ┌─ 相関係数 ─────

　2 つの変量 x，y の標準偏差をそれぞれ s_x，s_y とし，x と y の共分散を s_{xy} とするとき，x と y の相関係数 r は，

$$r = \frac{s_{xy}}{s_x s_y}.$$

［3］

　花子さんの実験結果を用いると，仮説 B が成り立つと仮定したとき E が起こる確率は

$$\frac{26 + 5 + 1}{1000} = \frac{32}{1000} = \boxed{\dfrac{4}{125}}$$

となる．

　これは

$$\frac{4}{125} = 0.032 = 3.2\%$$

となり，確率 5% 未満の事象は「ほとんど起こり得ない」と見なしているので，前提としている仮説 B が成り立たないと判断できる．

　よって，仮説 A は成り立つと判断できる．

　つまり，　ヌ　には ① が当てはまり，　ネ　には ⓪ が当てはまる．

第3問　図形の性質

⑴

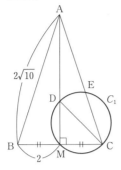

M は辺 BC の中点であるから，

$$BM = \frac{1}{2}BC = 2.$$

← BC = 4.

△ABM は ∠AMB ＝ 90° の直角三角形であるから，三平方の定理より，

$$AM = \sqrt{(2\sqrt{10})^2 - 2^2}$$
$$= \boxed{6}.$$

D は線分 AM を 2:1 に内分する点であるから，

$$AD = \frac{2}{3}AM$$
$$= \boxed{4}.$$

方べきの定理より，

$$AE \cdot AC = AD \cdot AM$$
$$= 4 \cdot 6$$
$$= \boxed{24}.$$

よって，

$$AE \cdot 2\sqrt{10} = 24$$

より，

$$AE = \frac{\boxed{6}\sqrt{\boxed{10}}}{\boxed{5}}.$$

方べきの定理

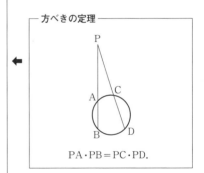

$$PA \cdot PB = PC \cdot PD.$$

四角形 CEDM は円 C_1 に内接しているから，

$$\angle FDM = \angle ACM.$$

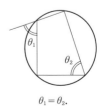

$\theta_1 = \theta_2.$

— 53 —

このことと，

$$\angle FMD = \angle AMC = 90°,$$
$$DM = CM = 2$$

より，

$$\triangle FMD \equiv \triangle AMC$$

であるから，

$$MF = MA = \boxed{6}.$$

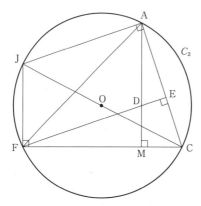

∠AMC = 90° であり，線分 CJ が円 C_2 の直径であることより ∠JFC = 90° であるから，直線 AM と直線 JF は平行である．

また，∠DMC = 90° であるから，線分 DC は円 C_1 の直径であり，∠DEC = 90° すなわち ∠FEC = 90° である．さらに，線分 CJ が円 C_2 の直径であることより ∠JAC = 90° である．よって，直線 EF と直線 AJ は平行である．

したがって，四角形 AJFD は平行四辺形であるから，

$$JF = AD = \boxed{4}.$$

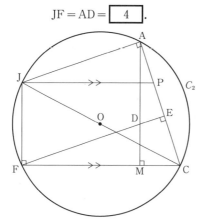

さらに，J を通り直線 FC と平行な直線と線分 AC との交点を P とすると，JF = 4，AM = 6 であるから，

$$PC : AC = 4 : 6 = 2 : 3$$

より，

← DM = AM − AD = 6 − 4 = 2.

← △AMC と直線 FE にメネラウスの定理を用いて，

$$\frac{AD}{DM} \cdot \frac{MF}{FC} \cdot \frac{CE}{EA} = 1$$

より，

$$\frac{4}{2} \cdot \frac{MF}{MF+2} \cdot \frac{2\sqrt{10} - \dfrac{6\sqrt{10}}{5}}{\dfrac{6\sqrt{10}}{5}} = 1$$

であるから，

$$MF = 6$$

としてもよい．

$$\mathrm{AP:AC}=1:3.$$

また，

$$\mathrm{AE:AC}=\frac{6\sqrt{10}}{5}:2\sqrt{10}$$

$$=3:5.$$

したがって，P と E は一致しないから，直線 FC と直線 JE は平行ではない．

以上のことから，ⓐ，ⓑ，ⓒ のうち，平行な直線の組であるものは全部で $\boxed{2}$ 個ある．

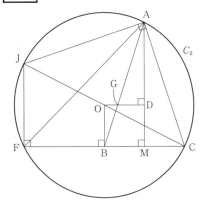

(I)について．

線分 AB は △AFC の中線であるから，G は直線 AB 上にあり，(I)は正しい．

(II)について．

O は辺 JC の中点であり，B は辺 FC の中点であるから，中点連結定理より，

$$\mathrm{OB}=\frac{1}{2}\mathrm{JF}=2.$$

よって，OB＝BM＝DM＝2 であり，∠OBM＝∠DMB＝90° であるから，四角形 OBMD は正方形である．

したがって，直線 OD と直線 BM は平行であり，さらに，AD:DM＝2:1 であるから，直線 OD は線分 AB を 2:1 に内分する点，すなわち，G を通るから，(II)は正しい．

(III)について．

上図のように，G は直線 CO 上にはないから，(III)は誤り．

$$\boxed{①}$$

← 　MF＝6 より FC＝8 であり，BC＝4 であるから，B は辺 FC の中点である．

← 　(II)についての議論より，G は直線 OD と直線 AB との交点である．

　また，△AFC は正三角形ではないから，G と O が一致することはない．

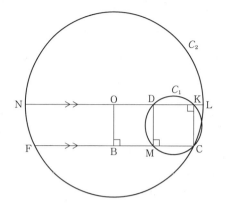

直角三角形 OBC において，三平方の定理より，

$$OC = \sqrt{OB^2 + BC^2}$$
$$= \sqrt{2^2 + 4^2}$$
$$= 2\sqrt{5} \quad (\text{円 } C_2 \text{ の半径})$$

であるから，

$$OL = ON = 2\sqrt{5}.$$

また，四角形 OBMD は正方形であるから，

$$OD = OB = 2.$$

さらに，四角形 DMCK は，辺 DK と辺 MC が平行であり，線分 CD を直径とする円 C_1 に内接することより，$\angle DMC = \angle DKC = 90°$ であるから長方形である．よって，

$$DK = MC = 2.$$

したがって，

$$ND : DK : KL = (ON + OD) : DK : (OL - OD - DK)$$
$$= (2\sqrt{5} + 2) : 2 : (2\sqrt{5} - 2 - 2)$$
$$= \left(\sqrt{\boxed{5}} + \boxed{1}\right) : 1 : \left(\sqrt{\boxed{5}} - \boxed{2}\right).$$

← DM = MC = 2 であるから，四角形 DMCK は正方形でもある．

第4問　場合の数・確率

1回の操作で $\boxed{A}$ を取り出す確率は $\dfrac{1}{2}$, $\boxed{B}$ を取り出す確率は $\dfrac{1}{2}$ である.

以下, 例えば「1回目に $\boxed{A}$, 2回目に $\boxed{B}$, 3回目に $\boxed{B}$, 4回目に $\boxed{B}$ を取り出す」ことを

$$\boxed{A}\ \boxed{B}\ \boxed{B}\ \boxed{B}$$

のように表すことにする.

(1)　ちょうど3回の操作で (a) により終了するのは,

$$\boxed{A}\ \boxed{A}\ \boxed{A}$$

となる場合であり, その確率は,

$$\left(\frac{1}{2}\right)^3 = \frac{1}{8}. \qquad \cdots ①$$

ちょうど3回の操作で (b) により終了するのは,

$$\boxed{B}\ \boxed{B}\ \boxed{B}$$

となる場合であり, その確率は,

$$\left(\frac{1}{2}\right)^3 = \frac{1}{8}.$$

よって, ちょうど3回の操作で終了する確率は,

$$\frac{1}{8} + \frac{1}{8} = \boxed{\dfrac{1}{4}}.$$

(2)　ちょうど4回の操作で (a) により終了するのは,

$$\boxed{B}\ \boxed{A}\ \boxed{A}\ \boxed{A}$$

となる場合であり, その確率は,

$$\left(\frac{1}{2}\right)^4 = \frac{1}{16}.$$

← 2〜4回目は $\boxed{A}$ が3回連続する. 3回目で終了してはいけないから1回目は $\boxed{B}$ である.

ちょうど4回の操作で (b) により終了するのは,

$$\boxed{*}\ \boxed{*}\ \boxed{*}\ \boxed{B}$$
$$\underbrace{\qquad\qquad}_{\text{Aが1回, Bが2回}}$$

となる場合であり, その確率は,

$$_3\mathrm{C}_1\left(\frac{1}{2}\right)^3 \times \frac{1}{2} = \frac{3}{16}.$$

←
$$\boxed{A}\ \boxed{B}\ \boxed{B}\ \boxed{B}$$
または
$$\boxed{B}\ \boxed{A}\ \boxed{B}\ \boxed{B}$$
または
$$\boxed{B}\ \boxed{B}\ \boxed{A}\ \boxed{B}$$
である.

①, ② より, ちょうど4回の操作で終了する確率は,

$$\frac{1}{16} + \frac{3}{16} = \boxed{\dfrac{1}{4}}.$$

(3)　終了するまでに行われる操作の回数が最大となるのは,

$$\boxed{A}\ \boxed{A}\ \boxed{B}\ \boxed{A}\ \boxed{A}\ \boxed{B}\ \boxed{A}\ \boxed{A}\ \boxed{A}$$

← (a) により終了.

または

$$\boxed{A}\ \boxed{A}\ \boxed{B}\ \boxed{A}\ \boxed{A}\ \boxed{B}\ \boxed{A}\ \boxed{A}\ \boxed{B}$$

← (b) により終了.

となる場合であり，終了するまでに行われる操作の最大回数は $\boxed{9}$ 回である．

(4)　$X=1$ となるのは

■ B A A A

カードを取って
いないか，A
または A A

となるときなので，確率は

$$\underbrace{\left\{1+\frac{1}{2}+\left(\frac{1}{2}\right)^2\right\}}_{\substack{\text{■の確率．}\\ \frac{7}{4}\text{になる}}}\times\left(\frac{1}{2}\right)^4=\boxed{\dfrac{7}{64}}.\qquad\cdots②$$

$X=2$ となるのは

■ B ■ B A A A

となるときなので，確率は

$$\frac{7}{4}\cdot\frac{1}{2}\cdot\frac{7}{4}\cdot\left(\frac{1}{2}\right)^4=\boxed{\dfrac{49}{512}}.\qquad\cdots③$$

$X=3$ となるのは

■ B ■ B ■ B

となるときなので，確率は

$$\left(\frac{7}{4}\right)^3\cdot\left(\frac{1}{2}\right)^3=\boxed{\dfrac{343}{512}}.$$

以上の場合以外は $X=0$ となるから，X の期待値は

$$1\times\frac{7}{64}+2\times\frac{49}{512}+3\times\frac{343}{512}=\boxed{\dfrac{1183}{512}}.$$

(5)　(a)により操作を終了した（事象 E とする）のは，以上の①，②，③の場合であり，このうち B を一度も取り出していない（事象 F とする）のは①の場合である．

したがって，E が起こったという条件のもとで F が起こる条件付き確率は

$$\frac{\dfrac{1}{8}}{\dfrac{1}{8}+\dfrac{7}{64}+\dfrac{49}{512}}=\boxed{\dfrac{64}{169}}$$

という3つの場合をまとめて考えている．

$X=0,\ 1,\ 2,\ 3$ であり，$X=0$ となる確率は①であるから，$X=3$ となる確率は

$$1-\underbrace{\left(\frac{1}{8}+\frac{7}{64}+\frac{49}{512}\right)}_{①,②,③\text{の和}}=\frac{343}{512}$$

としてもよい．

条件付き確率

事象 E が起こったという条件のもとで，事象 F が起こる条件付き確率 $P_E(F)$ は，「E に対する $E\cap F$ の割合」であるから

$$P_E(F)=\frac{P(E\cap F)}{P(E)}.$$

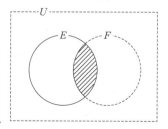

第4回 解答・解説

問題番号	解答記号	正　解	配点	自己採点
第1問	ア－$\sqrt{イウ}$	$4-\sqrt{15}$	2	
	エ	1	1	
	オカ	-1	1	
	キ	2	2	
	ク$\sqrt{ケ}$	$9\sqrt{6}$	2	
	コサシ$\sqrt{スセ}$	$-55\sqrt{10}$	2	
	$\dfrac{ソタ}{チ}$	$\dfrac{-1}{7}$	2	
	ツ	1	2	
	テト	35	2	
	ナニ	74	2	
	ヌ，ネ	7, 5	3	
	ノハ	60	2	
	ヒ	7	2	
	$\dfrac{フ}{ヘ}$	$\dfrac{5}{3}$	2	
	ホ	2	3	
第1問　自己採点小計			(30)	

問題番号	解答記号	正　解	配点	自己採点
第2問	ア	1	1	
	イウ	35	2	
	エ	1	2	
	オカ	30	2	
	キク	48	1	
	ケコ	64	1	
	サ	2	2	
	シ	2	2	
	ス	3	2	
	セ	1	1	
	ソ	1	1	
	タ	5	1	
	チ	0	2	
	ツ	0	1	
	テ	1	1	
	ト，ナ	1, 3 (解答の順序は問わない)	2 (各1)	
	ニ	4	2	
	ヌ	3	2	
	$\dfrac{ネノ}{ハヒフ}$	$\dfrac{17}{250}$	1	
	ヘ，ホ	2, 2	1	
第2問　自己採点小計			(30)	

問題番号	解答記号	正解	配点	自己採点
第3問	ア	4	2	
	イ	7	2	
	ウ	6	2	
	エオカ	120	2	
	キク	90	2	
	$\sqrt{ケ}$	$\sqrt{7}$	3	
	コサ	90	2	
	$\dfrac{\sqrt{シ}}{ス}$	$\dfrac{\sqrt{7}}{7}$	2	
	$\dfrac{セ}{ソ}$	$\dfrac{1}{4}$	3	
第3問 自己採点小計		(20)		
第4問	アイ	10	2	
	ウエ	10	2	
	オカキ	105	2	
	クケコ	105	2	
	$\dfrac{サ}{シスセ}$	$\dfrac{1}{256}$	1	
	ソ	1	2	
	タチ	11	1	
	$\dfrac{ツ}{2^{テ}}$	$\dfrac{5}{2^9}$	2	
	$\dfrac{ト}{2^{ナニ}}$	$\dfrac{5}{2^{13}}$	2	
	$\dfrac{ヌ}{2^{ネノ}}$	$\dfrac{3}{2^{12}}$	2	
	$\dfrac{ハ}{ヒ}$	$\dfrac{6}{7}$	2	
第4問 自己採点小計		(20)		
自己採点合計		(100)		

第1問　数と式，図形と計量

[1]

$$\begin{cases} x^2 + y^2 = 8, & \cdots ① \\ x^2 - y^2 = -2\sqrt{15}, & \cdots ② \\ x < 0 < y. & \cdots ③ \end{cases}$$

(1) ①+② より，

$$2x^2 = 8 - 2\sqrt{15}$$
$$x^2 = \boxed{4} - \sqrt{\boxed{15}}. \qquad \cdots ④$$

①−② より，

$$2y^2 = 8 + 2\sqrt{15}$$
$$y^2 = 4 + \sqrt{15}.$$

これと ④ より，

$$x^2 y^2 = (4 - \sqrt{15})(4 + \sqrt{15})$$
$$= 16 - 15$$
$$= \boxed{1}. \qquad \cdots ⑤$$

← $(a-b)(a+b) = a^2 - b^2$.

③ より，$xy < 0$ であるから，

$$xy = \boxed{-1}. \qquad \cdots ⑥$$

これと ① より，

$$(x+y)^2 = x^2 + 2xy + y^2$$
$$= 8 + 2 \cdot (-1)$$
$$= 6.$$

ここで，② より，

$$(x+y)(x-y) = -2\sqrt{15} \qquad \cdots ⑦$$

であるから，

$$(x+y)(x-y) < 0$$

であり，③ より $x - y < 0$ であるから，

$$x + y > 0.$$

← $x < y$ より $x - y < 0$.

よって，$(x+y)^2 = 6$ より，

$$x + y = \sqrt{6}. \qquad \boxed{②} \qquad \cdots ⑧$$

(2) $(x^2 + y^2)(x+y) = x^3 + y^3 + xy(x+y)$ より，

$$x^3 + y^3 = (x^2 + y^2)(x+y) - xy(x+y).$$

①, ⑥, ⑧ より，

$$x^3 + y^3 = 8\sqrt{6} - (-1) \cdot \sqrt{6}$$
$$= \boxed{9}\sqrt{\boxed{6}}. \qquad \cdots ⑨$$

(3)
$$(x^3 + y^3)(x^2 - y^2) = x^5 - x^3 y^2 + x^2 y^3 - y^5$$
$$= x^5 - y^5 - x^2 y^2 (x - y)$$

← (2)の $x^3 + y^3$ の求め方を参考に，
$x^5 - y^5$ が現れる等式の作り方を考える．

より，

$$x^5 - y^5 = (x^3 + y^3)(x^2 - y^2) + x^2 y^2 (x - y).$$

②, ⑤, ⑨ より,

$$x^5 - y^5 = 9\sqrt{6} \cdot (-2\sqrt{15}) + 1 \cdot (x - y)$$
$$= -54\sqrt{10} + x - y.$$

ここで, ⑦, ⑧ より,

$$\sqrt{6}(x - y) = -2\sqrt{15}$$

であるから,

$$x - y = -\frac{2\sqrt{15}}{\sqrt{6}}$$
$$= -\sqrt{10}.$$

したがって,

$$x^5 - y^5 = -54\sqrt{10} - \sqrt{10}$$
$$= \boxed{-55}\sqrt{\boxed{10}}.$$

〔2〕
(1)

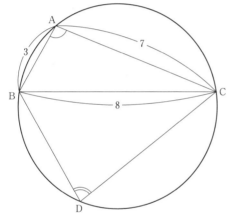

△ABC に余弦定理を用いると,

$$\cos \angle BAC = \frac{3^2 + 7^2 - 8^2}{2 \cdot 3 \cdot 7}$$
$$= \frac{\boxed{-1}}{\boxed{7}}.$$

また,

$$\cos \angle BDC = \cos(180° - \angle BAC)$$
$$= -\cos \angle BAC$$
$$= \frac{\boxed{1}}{7}.$$

(2)　　　　　(△ABC の面積):(△BCD の面積)=3:5　　　…①

より,

$$3(△BCD \text{ の面積}) = 5(△ABC \text{ の面積})$$

余弦定理

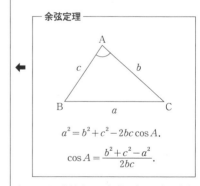

$$a^2 = b^2 + c^2 - 2bc\cos A.$$
$$\cos A = \frac{b^2 + c^2 - a^2}{2bc}.$$

← 円に内接する四角形の向かい合う内角の和は $180°$ である。

$$3 \cdot \frac{1}{2} xy \sin \angle \mathrm{BDC} = 5 \cdot \frac{1}{2} \cdot 3 \cdot 7 \sin \angle \mathrm{BAC}$$

$$xy \sin \angle \mathrm{BAC} = 35 \sin \angle \mathrm{BAC}$$

すなわち

$$xy = \boxed{35}. \qquad \cdots ②$$

また，△BCD に余弦定理を用いると，

$$8^2 = x^2 + y^2 - 2xy \cos \angle \mathrm{BDC}$$

$$64 = x^2 + y^2 - 2 \cdot 35 \cdot \frac{1}{7}$$

すなわち

$$x^2 + y^2 = \boxed{74}. \qquad \cdots ③$$

ここで，② より $y = \dfrac{35}{x}$ であり，③ に代入すると，

$$x^2 + \left(\frac{35}{x}\right)^2 = 74$$

$$x^4 - 74x^2 + 35^2 = 0.$$

ここで，$x^2 = t$ とおくと，

$$t^2 - 74t + 5^2 \cdot 7^2 = 0$$

$$(t - 25)(t - 49) = 0$$

$$t = 25, \ 49$$

であるから，

$$x^2 = 25, \ 49.$$

$x > 0$ より，

$$x = 5, \ 7.$$

② より，

$$x = 5 \ \text{のとき，} \ y = 7,$$

$$x = 7 \ \text{のとき，} \ y = 5$$

であり，$x > y$ であるから，

$$x = \boxed{7}, \quad y = \boxed{5}.$$

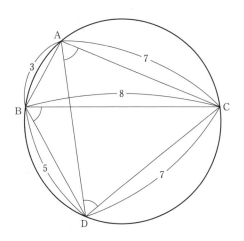

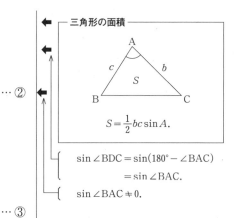

三角形の面積

$$S = \frac{1}{2} bc \sin A.$$

$$\sin \angle \mathrm{BDC} = \sin(180° - \angle \mathrm{BAC})$$
$$= \sin \angle \mathrm{BAC}.$$

$$\sin \angle \mathrm{BAC} \neq 0.$$

$\triangle$BCD に余弦定理を用いると,

$$\cos \angle\text{CBD} = \frac{8^2 + 5^2 - 7^2}{2 \cdot 8 \cdot 5}$$

$$= \frac{1}{2}.$$

よって,

$$\angle\text{CBD} = \boxed{60} \,^\circ.$$

円周角の定理より,

$$\angle\text{CAD} = \angle\text{CBD} = 60^\circ.$$

さらに, AC = CD = 7 より, $\angle\text{ADC} = \angle\text{CAD} = 60^\circ$.

よって, $\triangle$ACD は正三角形であるから,

$$\text{AD} = \boxed{7}.$$

(3) $\angle$APB $= \theta$ とおくと, $\angle$BPD $= 180^\circ - \theta$.

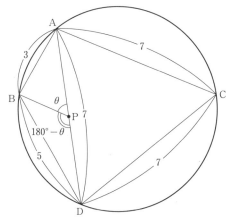

$\triangle$ABP, $\triangle$BDP それぞれに正弦定理を用いると,

$$\frac{3}{\sin\theta} = 2R_1 \quad \text{すなわち} \quad R_1 = \frac{3}{2\sin\theta},$$

$$\frac{5}{\sin(180^\circ - \theta)} = 2R_2 \quad \text{すなわち} \quad R_2 = \frac{5}{2\sin\theta}.$$

よって,

$$\frac{R_2}{R_1} = \frac{\dfrac{5}{2\sin\theta}}{\dfrac{3}{2\sin\theta}} = \frac{\boxed{5}}{\boxed{3}}.$$

また, $\triangle$ABD に正弦定理を用いると,

$$\frac{3}{\sin\angle\text{ADB}} = \frac{5}{\sin\angle\text{BAD}} = \frac{7}{\sin\angle\text{ABD}} = 2R_0 \quad \cdots ④$$

であるから,

$$R_0 = \frac{7}{2\sin\angle\text{ABD}}$$

$$= \frac{7}{2 \cdot \dfrac{\sqrt{3}}{2}}$$

円周角の定理

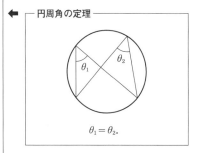

$\theta_1 = \theta_2$.

正弦定理

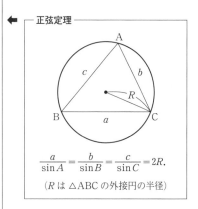

$$\frac{a}{\sin A} = \frac{b}{\sin B} = \frac{c}{\sin C} = 2R.$$

(R は $\triangle$ABC の外接円の半径)

$\angle$ABD $= 180^\circ - \angle$ACD $= 120^\circ$.

$$= \frac{7\sqrt{3}}{3}.$$

したがって，$R_1 + R_2 = R_0$ は，

$$\frac{3}{2\sin\theta} + \frac{5}{2\sin\theta} = \frac{7\sqrt{3}}{3}$$

すなわち

$$\sin\theta = \frac{4\sqrt{3}}{7} \qquad\qquad \cdots ⑤$$

となる．

点 P が，両端を除く線分 AD 上を動くとき，θ のとり得る値の範囲は，

$$\angle ADB < \theta < 180° - \angle BAD. \qquad \cdots ⑥$$

← $\begin{cases} \angle ADB < \angle APB, \\ \angle BAD < \angle BPD. \end{cases}$

さらに，④ より，

$$\sin\angle ADB = \frac{3}{2R_0} = \frac{3\sqrt{3}}{14},$$

$$\sin(180° - \angle BAD) = \sin\angle BAD = \frac{5}{2R_0} = \frac{5\sqrt{3}}{14}$$

であり，$\dfrac{5\sqrt{3}}{14} < \dfrac{4\sqrt{3}}{7} < 1$ であることを考慮すると，⑤ を満たす θ は ⑥ の範囲にちょうど 2 つ存在する．

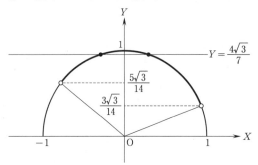

← $0° < \angle ADB < 90°,$
$90° < 180° - \angle BAD < 180°.$

θ と点 P の位置は 1 対 1 に対応するから，$R_1 + R_2 = R_0$ が成り立つような点 P の位置はちょうど 2 つ存在する．　②

第２問　２次関数，データの分析

〔１〕

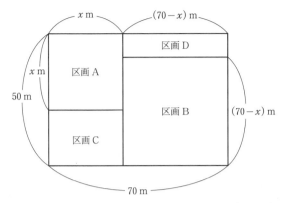

正方形の区画 A，B の一辺の長さはそれぞれ x m, $(70-x)$ m であり，ともに土地 P の縦の長さ 50 m 未満であることに注意すると，x のとり得る値の範囲は，

$$0 < x < 50 \quad \text{かつ} \quad 0 < 70-x < 50$$

すなわち，

$$20 < x < 50. \quad \boxed{0}$$

← $0 < 70-x < 50$ を解くと，
$20 < x < 70.$

区画 A と区画 B の面積の和 $f(x)$ は，

$$
\begin{aligned}
f(x) &= x^2 + (70-x)^2 \\
&= 2x^2 - 140x + 4900 \\
&= 2(x-35)^2 + 2450 \quad \cdots ①
\end{aligned}
$$

であるから，x が $20 < x < 50$ の範囲で変化するとき，$f(x)$ が最小となるのは，

$$x = \boxed{35}$$

のときである．

区画 A には建ぺい率 80％ の建物を建てるから，建物の面積は，

$$x^2 \times \frac{80}{100} = \frac{4}{5}x^2 \ (\mathrm{m}^2)$$

であり，区画 B には建ぺい率 60％ の建物を建てるから，建物の面積は，

$$(70-x)^2 \times \frac{60}{100} = \frac{3}{5}(70-x)^2 \ (\mathrm{m}^2)$$

である．

よって，区画 A と区画 B に建てた建物の面積の和 $g(x)$ は，

$$
\begin{aligned}
g(x) &= \frac{4}{5}x^2 + \frac{3}{5}(70-x)^2 \\
&= \frac{7}{5}x^2 - 84x + 2940. \quad \boxed{0}
\end{aligned}
$$

したがって，

$$g(x) = \frac{7}{5}(x-30)^2 + 1680 \quad \cdots ②$$

であるから，x が $20<x<50$ の範囲で変化するとき，$g(x)$ が最小となるのは，

$$x = \boxed{30}$$

のときである．

　また，土地 P の面積 S は，

$$S = 50 \cdot 70 = 3500 \ (\text{m}^2)$$

であるから，② より，

$$\frac{g(x)}{S} \times 100 = \frac{1}{3500}\left\{\frac{7}{5}(x-30)^2 + 1680\right\} \times 100$$

$$= \frac{1}{35}\left\{\frac{7}{5}(x-30)^2 + 1680\right\}$$

$$= \frac{1}{25}(x-30)^2 + 48.$$

　よって，x が $20<x<50$ の範囲で変化するとき，$\dfrac{g(x)}{S} \times 100$ のとり得る値の範囲は，

$$\boxed{48} \leqq \frac{g(x)}{S} \times 100 < \boxed{64}.$$

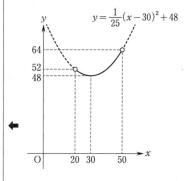

$$y = \frac{1}{25}(x-30)^2 + 48$$

　さらに，$\dfrac{g(x)}{S} \times 100 < 52$ のとき，

$$\frac{1}{25}(x-30)^2 + 48 < 52$$

$$(x-30)^2 < 100$$

$$-10 < x - 30 < 10$$

$$20 < x < 40.$$

$A > 0$ とする．
$X^2 < A \iff -\sqrt{A} < X < \sqrt{A}.$

　ここで，
（区画 A の面積）－（区画 B の面積）$= x^2 - (70-x)^2$

$$= \{x + (70-x)\}\{x - (70-x)\}$$

$$= 70(2x-70)$$

$$= 140(x-35)$$

区画 A の面積は x^2，区画 B の面積は $(70-x)^2$ であり，この 2 つの面積の比較をしたいので差をとる．

であるから，

$$\begin{cases} 20 < x < 35 \text{ のとき（区画 A の面積）} < \text{（区画 B の面積）}, \\ x = 35 \text{ のとき　　　（区画 A の面積）} = \text{（区画 B の面積）}, \\ 35 < x < 40 \text{ のとき（区画 A の面積）} > \text{（区画 B の面積）}. \end{cases}$$

　したがって，$\dfrac{g(x)}{S} \times 100 < 52$ すなわち $20 < x < 40$ のとき，区画 A の面積は，区画 B の面積より大きいこともあれば，小さいこともある．$\boxed{②}$

　区画 A の建ぺい率と区画 B の建ぺい率をともに $k\%\ (30 \leqq k \leqq 80)$ に変更したとき，建物の面積の和 $h(x)$ は，

$$h(x) = x^2 \times \frac{k}{100} + (70-x)^2 \times \frac{k}{100}$$

$$= \frac{k}{100}\{x^2 + (70-x)^2\}$$

$$= \frac{k}{100} f(x)$$

$$= \frac{k}{100} \{2(x-35)^2 + 2450\}. \quad (\text{①より})$$

よって，x が $20 < x < 50$ の範囲で変化するとき，$h(x)$ が最小と
なるのは $x = 35$ のときである．

また，②より，$g(x)$ が最小となるのは $x = 30$ のときである．

したがって，$g(x)$ が最小となる x の値は，$h(x)$ が最小となる x
の値よりつねに小さい． ②

さらに，x が $20 < x < 50$ の範囲で変化するとき，$h(x)$ の最小値
は，

$$\frac{k}{100} \times 2450 = \frac{49k}{2}$$

であり，$30 \le k \le 80$ より，

$$735 \le \frac{49k}{2} \le 1960.$$

また，②より，$g(x)$ の最小値は 1680 である．

したがって，$g(x)$ の最小値は，$h(x)$ の最小値より大きいことも
あれば，小さいこともある． ③

← $g(x) = \frac{7}{5}(x-30)^2 + 1680.$

[2]

以下においては，各データにおける最小値，第1四分位数，中央
値，第3四分位数，最大値をそれぞれ m，Q_1，Q_2，Q_3，M とする．

(1) 図1より，データ A (2018年の7月と8月の猛暑日の地点数)
の各階級ごとの階級値，度数，累積度数と m，Q_1，Q_2，Q_3，M が
属する階級はそれぞれ次の表Ⅰのようになる．

表Ⅰ

階級(地点)	階級値(地点)	度数	累積度数	
0 以上 50 未満	25	23	23	m, Q_1
50 以上 100 未満	75	11	34	Q_2
100 以上 150 未満	125	5	39	
150 以上 200 未満	175	13	52	Q_3
200 以上 250 未満	225	9	61	
250 以上 300 未満	275	1	62	M

表Ⅰより，データ A の中央値が含まれる階級は 50 以上 100 未
満である． ①

同様に，図1より，データ B (2018年の7月と8月の真夏日の
地点数)の各階級ごとの階級値，度数，累積度数と m，Q_1，Q_2，
Q_3，M が属する階級はそれぞれ次の表Ⅱのようになる．

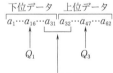

62 個の値からなるデータにおいて，
値を小さい順に a_1, a_2, $\cdots$, a_{62} とす
る．

下位データ　上位データ
$\overbrace{a_1 \cdots a_{16} \cdots a_{31}}$ $\overbrace{a_{32} \cdots a_{47} \cdots a_{62}}$

↑　　↑
Q_1　　Q_3

この 2 つの平均値が Q_2

階級値とは，各階級の中央の値のこ
とである．

また，累積度数とは，最初の階級か
らその階級までの度数を合計したもの
である．

表Ⅱ

階級（地点）	階級値（地点）	度数	累積度数	
0 以上 100 未満	50	3	3	m
100 以上 200 未満	150	2	5	
200 以上 300 未満	250	3	8	
300 以上 400 未満	350	6	14	
400 以上 500 未満	450	7	21	Q_1
500 以上 600 未満	550	15	36	Q_2
600 以上 700 未満	650	21	57	Q_3
700 以上 800 未満	750	5	62	M

表Ⅱより，階級値を用いてデータ B の地点数の平均値を求める
と，

$$\frac{50\cdot3+150\cdot2+250\cdot3+350\cdot6+450\cdot7+550\cdot15+650\cdot21+750\cdot5}{62}$$

$$=\frac{32100}{62}$$

$$=517.74\cdots$$

$$\fallingdotseq518\,（地点）.\quad \boxed{①}$$

(2)(ⅰ)　表Ⅱより，データ B に対応する箱ひげ図は $\boxed{⑤}$ である．

また，図3より，データ D（2012 年の 7 月と 8 月の真夏日の地
点数）の各階級ごとの階級値，度数，累積度数と m，Q_1，Q_2，
Q_3，M が属する階級はそれぞれ次の表Ⅲのようになる．

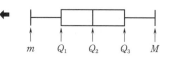

表Ⅲ

階級（地点）	階級値（地点）	度数	累積度数	
0 以上 100 未満	50	3	3	m
100 以上 200 未満	150	9	12	
200 以上 300 未満	250	5	17	Q_1
300 以上 400 未満	350	5	22	
400 以上 500 未満	450	5	27	
500 以上 600 未満	550	13	40	Q_2
600 以上 700 未満	650	14	54	Q_3
700 以上 800 未満	750	8	62	M

表Ⅲより，データ D に対応する箱ひげ図は $\boxed{⓪}$ である．

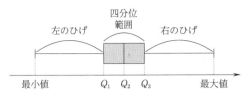

箱ひげ図において左のひげの長さは「第1四分位数 Q_1 と最小値の差」であり，右のひげの長さは「最大値と第3四分位数 Q_3 の差」であり，箱の長さは四分位範囲を表す．

外れ値がある場合は，最大値と最小値の少なくとも一方が外れ値になる．その場合の箱ひげ図は「箱の長さ」に対して「左右のひげの少なくとも一方」が 1.5 倍以上の長さになる．

データBに対する箱ひげ図 ⑤ を見ると，左のひげが箱の 1.5 倍より長い．

データDに対する箱ひげ図 ⓪ を見ると，左右どちらのひげも箱の 1.5 倍より短い．

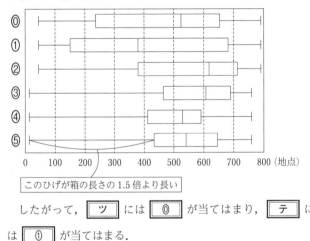

したがって，┃ツ┃には ┃⓪┃ が当てはまり，┃テ┃には ┃①┃ が当てはまる．

(ii)

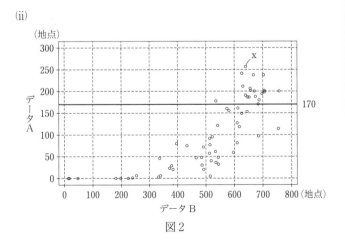

図 2

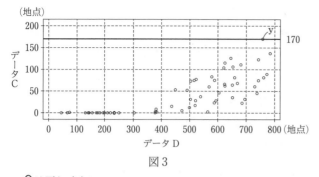

図3

・⓪は正しくない.

　2012年の真夏日が700地点以上である日数は8, 2018年の真夏日が700地点以上である日数は5である.

・①は正しい.

　2012年の猛暑日の地点数が最大である日は図3の点yで表され, 2018年の猛暑日の地点数が最大である日は図2の点xで表される. 点yが表す日の真夏日の地点数はおよそ760地点, 点xが表す日の真夏日の地点数はおよそ640地点である.

・②は正しくない.

　2012年の真夏日の地点数が500を超えた日は35日, 2018年の真夏日の地点数が500を超えた日は41日である.

・③は正しい.

　2012年における猛暑日の地点数の最大値は図3の点yよりおよそ170であり, 2018年において, 猛暑日の地点数が170を超えた日は18日または19日である.

　よって, 図2と図3から読み取れることとして正しいものは, ⓪ と ③ である.

(iii) データBの値が小さい方から6つの点に関するデータを,

| データA | 0 | 0 | 0 | 0 | 0 | 0 |
| データB | b_1 | b_2 | b_3 | b_4 | b_5 | b_6 |

と表す. ただし, $b_k > 0$ ($k = 1, 2, 3, 4, 5, 6$).

　以下, この大きさ6のデータについて考える.

　データAの偏差の総和は, データAの平均値が0であることから,

$(0-0)+(0-0)+(0-0)+(0-0)+(0-0)+(0-0)=0$

であり, データBの偏差の総和は, データBの平均値を $\overline{b}$ とすると,

$(b_1-\overline{b})+(b_2-\overline{b})+(b_3-\overline{b})+(b_4-\overline{b})+(b_5-\overline{b})+(b_6-\overline{b})$
$=(b_1+b_2+b_3+b_4+b_5+b_6)-\overline{b}\times6$

$$=6\overline{b}-6\overline{b}$$
$$=0.$$

次に，データ A の標準偏差を s_A とすると，

$$s_A=\sqrt{\frac{1}{6}\{(0-0)^2+(0-0)^2+(0-0)^2+(0-0)^2+(0-0)^2+(0-0)^2\}}$$
$$=0.$$

また，データ B の標準偏差を s_B とすると，

$$s_B=\sqrt{\frac{1}{6}\{(b_1-\overline{b})^2+(b_2-\overline{b})^2+(b_3-\overline{b})^2+(b_4-\overline{b})^2+(b_5-\overline{b})^2+(b_6-\overline{b})^2\}}.$$

ここで，図 4 より，b_1, b_2, $\cdots$, b_6 のうち少なくとも 1 つは $\overline{b}$ と値が異なるものが存在するから，

$$s_B>0.$$

さらに，データ A とデータ B の共分散を s_{AB} とすると，

$$s_{AB}=\frac{1}{6}\{(0-0)(b_1-\overline{b})+(0-0)(b_2-\overline{b})+(0-0)(b_3-\overline{b})$$
$$+(0-0)(b_4-\overline{b})+(0-0)(b_5-\overline{b})+(0-0)(b_6-\overline{b})\}$$
$$=0.$$

よって，5 つの値のうち，0 であるものは $\boxed{4}$ 個である．

また，データ A の標準偏差が 0 であるから，データ A とデータ B の相関係数は定義されず，求めることができない．
$\boxed{⓪}$

相関係数

2 つの変量 x, y について，

x の標準偏差を s_x,

y の標準偏差を s_y,

x と y の共分散を s_{xy}

とするとき，x と y の相関係数 r は，

$$r=\frac{s_{xy}}{s_x s_y}.$$

---

[3]

花子さんの実験結果を用いると，仮説 B が成り立つと仮定したとき E が起こる確率は

$$\frac{1+2+10+55}{1000}=\frac{68}{1000}=\frac{\boxed{17}}{\boxed{250}}$$

となる．

これは

$$\frac{17}{250}=0.068=6.8\%$$

となり，確率 5% 未満の事象は「ほとんど起こり得ない」と見なしているので，前提としている仮説 B が成り立つとも成り立たないとも判断できない．

したがって，仮説 A も成り立つとも成り立たないとも判断できない．

つまり，$\boxed{ヘ}$ には $\boxed{②}$ が当てはまり，$\boxed{ホ}$ にも $\boxed{②}$ が当てはまる．

第3問　図形の性質

(1)

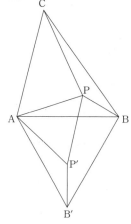

△AP'P は正三角形であるから，
$$AP = AP' = PP' \quad \boxed{④}$$
であり，△PAB ≡ △P'AB' より，
$$BP = B'P'. \quad \boxed{⑦}$$
よって，
$$AP + BP + CP = PP' + B'P' + CP$$
$$= CP + PP' + P'B'$$
$$\geqq CB'. \quad \cdots ①$$

ここで，△ABC のすべての内角の大きさが 120° 未満であることを考慮すると，点 C は次図の斜線部（境界含まず）にある．

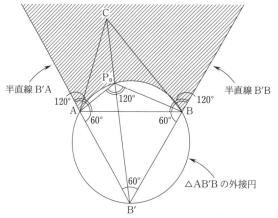

半直線 B'A　　半直線 B'B
△AB'B の外接円

よって，線分 CB' は，△AB'B の外接円の弧 AB（点 B' を含まない方）と交点をもつ．その交点を P_0 とすると，P_0 は △ABC の内部にある．また，$\angle AP_0B = 120°$ である．

①の等号が成り立つのは，4点 C，P，P'，B' がこの順に一直線上に並ぶときであり，$\angle APP' = \angle AP_0B' = 60°$ を考慮すると，それは P が P_0 と一致するときである．

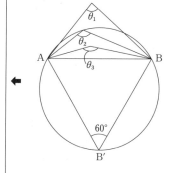

△AP'P は正三角形であるから，
$$AP = AP'.$$
△AB'B は正三角形であるから，
$$AB = AB'.$$
また，
$$\angle PAB = \angle P'AB'.$$
よって，△PAB ≡ △P'AB'.

円に内接する四角形の性質より，
$$\theta_2 = 180° - 60° = 120°.$$
また，
$$\theta_1 < 120°, \quad \theta_3 > 120°.$$

円周角の定理より
$$\angle AP_0B' = \angle ABB' = 60°.$$

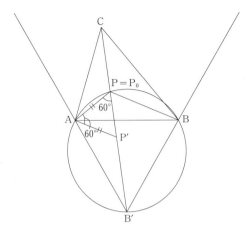

よって，AP＋BP＋CP の最小値は線分 CB' の長さと等しい．

$$\boxed{⑥}$$

また，AP＋BP＋CP が最小になるとき，

$$\angle\mathrm{APB}=\angle\mathrm{AP_0B}=\boxed{120}°.$$

(2)

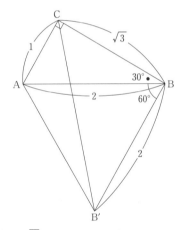

AB＝2，BC＝$\sqrt{3}$，CA＝1 のとき，

$$\angle\mathrm{ABC}=30°,\ \ \angle\mathrm{ACB}=90°,\ \ \angle\mathrm{BAC}=60°$$

であり，

$$\angle\mathrm{CBB'}=\angle\mathrm{ABC}+\angle\mathrm{ABB'}$$
$$=30°+60°$$
$$=\boxed{90}°.$$

← △AB'B は正三角形であるから，
$$\angle\mathrm{ABB'}=60°.$$

直角三角形 CB'B に三平方の定理を用いると，

$$\mathrm{CB'}=\sqrt{\mathrm{CB^2+BB'^2}}$$
$$=\sqrt{(\sqrt{3})^2+2^2}$$
$$=\sqrt{7}$$

であるから，

$$\mathrm{AP＋BP＋CP}\ \text{の最小値は}\ \sqrt{\boxed{7}}.$$

← ｛ AP＋BP＋CP の最小値は線分 CB' の長さと等しい．

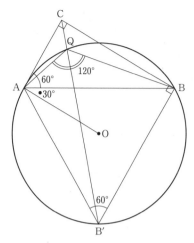

また，$\angle \mathrm{OAB} = \dfrac{1}{2} \angle \mathrm{B'AB} = 30°$ であるから，

$$\angle \mathrm{OAC} = \angle \mathrm{OAB} + \angle \mathrm{BAC} = 30° + 60° = \boxed{90}°.$$

したがって，直線 CA は円 O に接している．

また，(1) より Q は $\mathrm{P_0}$ であり，円 O の周上にある．

よって，方べきの定理より，

$$\mathrm{CQ} \cdot \mathrm{CB'} = \mathrm{CA}^2$$

であり，$\mathrm{CB'} = \sqrt{7}$，$\mathrm{CA} = 1$ より，

$$\mathrm{CQ} \cdot \sqrt{7} = 1^2$$

すなわち

$$\mathrm{CQ} = \dfrac{\sqrt{\boxed{7}}}{\boxed{7}}.$$

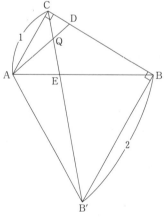

線分 CB′ と辺 AB の交点を E とする．

△CEB と直線 AD にメネラウスの定理を用いると，

$$\frac{\mathrm{BA}}{\mathrm{AE}} \cdot \frac{\mathrm{EQ}}{\mathrm{QC}} \cdot \frac{\mathrm{CD}}{\mathrm{DB}} = 1. \qquad \cdots ②$$

← △AB'B は正三角形であるから，外心と内心は一致する．

よって，

$$\angle \mathrm{OAB} = \angle \mathrm{OAB'}.$$

← AP＋BP＋CP が最小になるときの点 P が Q である．

方べきの定理

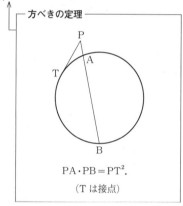

$$\mathrm{PA} \cdot \mathrm{PB} = \mathrm{PT}^2.$$

（T は接点）

メネラウスの定理

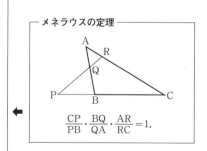

$$\frac{\mathrm{CP}}{\mathrm{PB}} \cdot \frac{\mathrm{BQ}}{\mathrm{QA}} \cdot \frac{\mathrm{AR}}{\mathrm{RC}} = 1.$$

ここで，CA ∥ BB′ より，△ECA∽△EB′B であるから，
$$EA : EB = CA : B'B = 1 : 2.$$

よって，
$$\frac{BA}{AE} = \frac{3}{1}. \qquad \cdots ③$$

さらに，
$$EC : EB' = CA : B'B = 1 : 2$$

であるから，
$$EC = \frac{1}{3}CB' = \frac{\sqrt{7}}{3}.$$

したがって，
$$EQ = EC - CQ = \frac{\sqrt{7}}{3} - \frac{\sqrt{7}}{7} = \frac{4\sqrt{7}}{21}$$

であり，
$$\frac{EQ}{QC} = \frac{\frac{4\sqrt{7}}{21}}{\frac{\sqrt{7}}{7}} = \frac{4}{3}. \qquad \cdots ④$$

③，④ を ② に代入すると，
$$\frac{3}{1} \cdot \frac{4}{3} \cdot \frac{CD}{DB} = 1$$

であるから，
$$\frac{CD}{BD} = \frac{\boxed{1}}{\boxed{4}}.$$

← $\angle ACB = \angle B'BC = 90°$ より，
$$CA \parallel BB'.$$
よって，
$$\angle EAC = \angle EBB',$$
$$\angle ECA = \angle EB'B$$
であるから，
$$\triangle ECA \backsim \triangle EB'B.$$

← $CB' = \sqrt{7}$.

← $CQ = \dfrac{\sqrt{7}}{7}$.

第4問　場合の数・確率

以下では，

東方向への移動を →，　　西方向への移動を ←，

南方向への移動を ↓，　　北方向への移動を ↑

と表し，点 A から出発する経路と 4 種類の矢印の並べ方を対応させて考える．例えば，↑↑→→→ という並べ方に対しては次図の (a) の経路が対応し，↓→→→↑↑ という並べ方に対しては次図の (b) の経路が対応する．逆に，点 A から出発する経路を 1 つ定めると，それに対応する矢印の並べ方が 1 つ得られる．

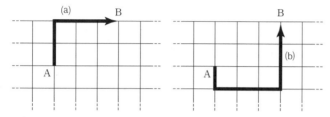

(1) 点 A を出発し，5 回の移動後に点 B にいる移動の仕方の数は↑，↑，→，→，→ の並べ方の個数であるから，

$$\frac{5!}{2!3!} = \boxed{10} \text{（通り）．}$$

(2) 点 A を出発し，7 回の移動後に点 B にいる移動の仕方のうち，点 C を通るものは，点 A から点 C に移動するまでに 2 回，点 C から点 B に移動するまでに 5 回の移動をすることになる．

点 A から点 C までの移動の仕方の数は↑，← の並べ方の個数であるから，

$$2! = 2 \text{（通り）．}$$

この各々に対して，点 C から点 B までの移動の仕方の数は↑，→，→，→，→ の並べ方の個数だけあるから，

$$\frac{5!}{4!} = 5 \text{（通り）．}$$

よって，点 A を出発し，7 回の移動後に点 B にいる移動の仕方のうち，点 C を通るものの数は，

$$2 \times 5 = \boxed{10} \text{（通り）．}$$

また，北方向への移動を 2 回，西方向への移動を 1 回，東方向への移動を 4 回行うような移動の仕方の数は↑，↑，←，→，→，→，→ の並べ方の個数であるから，

$$\frac{7!}{2!4!} = \boxed{105} \text{（通り）．} \qquad \cdots ①$$

次に，↑，↑，↑，↓，→，→，→ の並べ方のうち，3 個目の↑よりも左側に↓があるものの個数を考える．まず，□，□，□，□，→，→，→ の並べ方が，

$$\frac{7!}{4!3!} = 35 \text{（通り）}$$

同じものを含む順列

n 個のもののうち，a_1 が m_1 個，a_2 が m_2 個，$\cdots$，a_k が m_k 個あるとき，これら n 個のものを並べてできる順列の総数は，

$$\frac{n!}{m_1!m_2!\cdots m_k!} \text{（通り）}$$

$$(n = m_1 + m_2 + \cdots + m_k)$$

である．

あり，その各々に対して 4 個の □ への ↑, ↑, ↑, ↓ の配置の仕方が，

・↓, ↑, ↑, ↑
・↑, ↓, ↑, ↑
・↑, ↑, ↓, ↑

の 3 通りずつあるから，北方向への移動を 3 回，南方向への移動を 1 回，東方向への移動を 3 回行うような移動の仕方の数は，

$$35 \times 3 = \boxed{105} \ (通り). \qquad \cdots ②$$

東, 西, 南, 北 の 4 枚のカードから無作為に 1 枚を引くとき，引き方は 4 通りあり，これらはすべて同様に確からしい．

よって，→, ←, ↓, ↑ の移動が起こる確率はすべて $\frac{1}{4}$ である．

ただし，試行を行った点において，道がない方向のカードを引いた場合は移動ではなく Stay が起こる．

(3) 点 A を出発し，4 回の試行を行うとする．

Stay が 2 回起こるのは，北 を 4 回続けて引くときであるから，確率は

$$\left(\frac{1}{4}\right)^4 = \boxed{\frac{1}{256}}.$$

北 を 3 回引き，南 を 1 回引いて Stay が 1 回起こるのは

北 北 北 南

という順で引くときである．

よって，確率は

$$\left(\frac{1}{4}\right)^4 = \boxed{\frac{1}{256}}.$$

北 を 3 回，「東 または 西」を 1 回引くと Stay が 1 回起こる．

この確率は

$$\underbrace{4}_{\substack{「東または西」\\が何回目に起こ\\るか}} \cdot \underbrace{\frac{1}{2}}_{東または西} \cdot \underbrace{\left(\frac{1}{4}\right)^3}_{北 \ 3回} = \frac{1}{32}.$$

よって，Stay が 1 回起こる確率は

$$\frac{1}{256} + \frac{1}{32} = \frac{9}{256}.$$

したがって，Stay が起こる回数の期待値は

$$1 \cdot \frac{9}{256} + 2 \cdot \frac{1}{256} = \boxed{\frac{11}{256}}$$

(4) 点 A を出発し，5 回の試行後に点 B にいるのは，↑ が 2 回，→ が 3 回起こる場合である．(1)より，その確率は，

← 例えば，4 個の □ と 3 個の → の並べ方 35 通りのうちの 1 つとして，

□□→□→□→

がある．このとき，条件を満たすように 3 個の ↑ と 1 個の ↓ を □ へと配置することで，

↓↑→↑→↑→,
↑↓→↑→↑→,
↑↑→↓→↑→

の 3 通りの並べ方が得られる．

← これ以外の引き方をすると Stay は起きない．例えば

南 北 北 北

の順で引くと，4 回目の試行で一番北側の街路にたどりつくので Stay は起きない．

← 誘導から，南 以外の 東 と 西 に注目しよう．

$$10\left(\frac{1}{4}\right)^2\left(\frac{1}{4}\right)^3 = \frac{10}{2^{10}} = \frac{\boxed{5}}{2^{\boxed{9}}}.$$

(5) 点 A を出発し，7 回の試行後に点 B にいるような事象のうち，Stay がちょうど k 回 ($k=0, 2$) だけ起こる事象を $R(S=k)$ と表す．

まず，$R(S=2)$ のうち，D_1 を通るものについて考える．

このとき，最初の 2 回の試行で D_1 に到達する必要があるから，↑ が 2 回起これればよく，その確率は，

$$\left(\frac{1}{4}\right)^2.$$

さらに，残りの 5 回の試行で ↑ が 2 回，→ が 3 回起これればよく，その確率は，

$$\frac{5!}{2!3!}\left(\frac{1}{4}\right)^2\left(\frac{1}{4}\right)^3 = 10\left(\frac{1}{4}\right)^5.$$

よって，$R(S=2)$ かつ「D_1 を通る」確率は，

$$\left(\frac{1}{4}\right)^2 \times 10\left(\frac{1}{4}\right)^5 = \frac{10}{2^{14}} = \frac{\boxed{5}}{2^{\boxed{13}}}. \qquad \cdots ③$$

次に，$R(S=2)$ のうち，D_1 を通らずに D_2 を通るものについて考える．

このとき，最初の 3 回の試行で D_1 を通らずに D_2 に到達する必要があり，その確率は，

$$2!\left(\frac{1}{4}\right)^2\cdot\frac{1}{4} = 2\left(\frac{1}{4}\right)^3.$$

さらに，残りの 4 回の試行で ↑ が 2 回，→ が 2 回起これればよく，その確率は，

$$\frac{4!}{2!2!}\left(\frac{1}{4}\right)^2\left(\frac{1}{4}\right)^2 = 6\left(\frac{1}{4}\right)^4.$$

よって，$R(S=2)$ かつ「D_1 を通らずに D_2 を通る」確率は，

$$2\left(\frac{1}{4}\right)^3 \times 6\left(\frac{1}{4}\right)^4 = \frac{12}{2^{14}} = \frac{\boxed{3}}{2^{\boxed{12}}}. \qquad \cdots ④$$

(6) 点 A を出発し，7 回の試行後に点 B にいる事象は，

$$R(S=0) \cup R(S=2) \qquad \cdots ⑤$$

であり，$R(S=0)$ と $R(S=2)$ は排反である．

まず，$R(S=0)$ が起こる確率は，①，② より，

$$105\left(\frac{1}{4}\right)^2\cdot\frac{1}{4}\cdot\left(\frac{1}{4}\right)^4 + 105\left(\frac{1}{4}\right)^3\cdot\frac{1}{4}\cdot\left(\frac{1}{4}\right)^3$$

$$= \frac{105}{2^{14}} + \frac{105}{2^{14}}$$

$$= \frac{210}{2^{14}}. \qquad \cdots ⑥$$

◀ Stay がちょうど 1 回だけ起こるとき，残りの 6 回の試行では，7 回の試行後に点 B にいるように移動することができない．また，Stay が 3 回以上起こるとき，残りの 4 回以下の試行では点 B に到達することができない．

◀ 5 回の試行で D_1 から B へ到達するには → が 3 回起こる必要があり，残りの 2 回で Stay，つまり，「道がない ↑」が起こればよい．

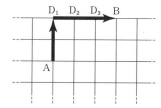

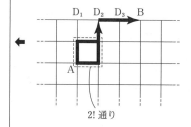

2! 通り

次に，$R(S=2)$ かつ「D_1，D_2 を通らずに D_3 を通る」確率は，

$$\frac{3!}{2!}\left(\frac{1}{4}\right)^3\cdot\frac{1}{4}\times\frac{3!}{2!}\left(\frac{1}{4}\right)^2\cdot\frac{1}{4}=\frac{9}{2^{14}} \qquad \cdots ⑦$$

であり，$R(S=2)$ かつ「D_1，D_2，D_3 を通らない」確率は，

$$\frac{4!}{3!}\left(\frac{1}{4}\right)^4\cdot\frac{1}{4}\times\left(\frac{1}{4}\right)^2=\frac{4}{2^{14}} \qquad \cdots ⑧$$

である．

　よって，$R(S=2)$ が起こる確率は，③，④，⑦，⑧ より，

$$\frac{10}{2^{14}}+\frac{12}{2^{14}}+\frac{9}{2^{14}}+\frac{4}{2^{14}}=\frac{35}{2^{14}}. \qquad \cdots ⑨$$

　⑤，⑥，⑨ より，求める条件付き確率は，

$$\frac{\dfrac{210}{2^{14}}}{\dfrac{210}{2^{14}}+\dfrac{35}{2^{14}}}=\frac{\boxed{6}}{\boxed{7}}.$$

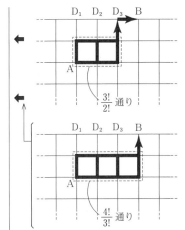

$$\frac{3!}{2!}\text{ 通り}$$

$$\frac{4!}{3!}\text{ 通り}$$

── 条件付き確率 ──

　事象 E が起こったという条件のもとで，事象 F が起こる条件付き確率は，

$$P_E(F)=\frac{P(E\cap F)}{P(E)}.$$

この設問においては，

$$E=R(S=0)\cup R(S=2),$$

$$F=\binom{\text{Stay が1回も}}{\text{起こらない事象}},$$

$$E\cap F=R(S=0)$$

となっている．

MEMO

MEMO

MEMO

MEMO

MEMO

MEMO

MEMO

MEMO

MEMO

MEMO

MEMO

MEMO

MEMO

MEMO

MEMO